天地一体化信息网络丛书

国家出版基金项目
NATIONAL PUBLICATION FOUNDATION

Space-ground

Integrated

Information

Network

天地一体化
信息网络通信服务技术

■ 吴巍 刘刚 赵宾华 郭建立 编著

人民邮电出版社
北 京

图书在版编目（CIP）数据

天地一体化信息网络通信服务技术 / 吴巍等编著
. -- 北京：人民邮电出版社，2022.11
　（天地一体化信息网络丛书）
　ISBN 978-7-115-60545-0

Ⅰ．①天… Ⅱ．①吴… Ⅲ．①通信网—研究 Ⅳ.
①TN915

中国版本图书馆CIP数据核字(2022)第227514号

内 容 提 要

　　天地一体化信息网络是服务于全球、带动全社会相关产业快速高质量发展的战略性信息网络基础设施，而网络服务是基于网络基础设施为各种网络业务提供共性支撑的信息服务化平台。针对天地一体化信息网络的网络服务平台，本书首先介绍了网络服务的基本概念、核心技术、发展历程以及发展趋势等内容，然后对网络服务平台的总体架构、基础设施管理，以及组网控制、接入控制、会话控制、网络管理、网络安全、网络融合通信等方面的内容进行了深入的介绍。

　　本书适合作为网络通信、卫星通信、移动通信等领域的工程技术人员和相关领域的研究人员的参考书，也适合希望了解前沿信息技术的读者阅读。

◆ 编　著　吴　巍　刘　刚　赵宾华　郭建立
　　责任编辑　李　娜
　　责任印制　马振武

◆ 人民邮电出版社出版发行　　北京市丰台区成寿寺路 11 号
　　邮编　100164　电子邮件　315@ptpress.com.cn
　　网址　https://www.ptpress.com.cn
　　三河市中晟雅豪印务有限公司印刷

◆ 开本：710×1000　1/16
　　印张：16.5　　　　　　　　　2022 年 11 月第 1 版
　　字数：305 千字　　　　　　　2022 年 11 月河北第 1 次印刷

定价：169.80 元

读者服务热线：(010)81055493　印装质量热线：(010)81055316
反盗版热线：(010)81055315
广告经营许可证：京东市监广登字 20170147 号

前　言

　　天地一体化信息网络是信息化社会的战略性基础设施，是信息技术强国的重要标志，它将网络的边界扩张到太空、极地和海洋。天地一体、天地协同的信息网络是面向未来的新型服务化网络，是以卫星网络广度覆盖和地面网络强度覆盖优势互补为目标，摆脱各自独立发展的局限性，形成"随遇接入、自主切换、按需服务、安全可信"的天地一体的通信网络新体系。天地一体化信息网络采用服务化网络架构，以"通信资源可调整、网络功能可定义、服务能力可适配"的理念贯穿网络的各个层面，建立从底层资源到上层服务全维度、可定义的灵活天地一体化信息网络服务体系，实现应用业务驱动的网络新体制，为天地一体化信息网络用户提供全覆盖、无中断、高质量的数据服务。

　　第 1 章介绍了天地一体化信息网络的组成结构、基本形态、发展现状与发展趋势，探讨电信网通信服务概念的由来及其在天地一体化信息网络中的落地应用等内容；第 2 章介绍了天地一体化信息网络通信服务架构，分析了通信服务需求，并探讨了通信服务架构的理论模型、运行机理、核心功能，以及通信服务的部署方式等；第 3 章介绍了天地一体化信息网络服务基础设施，包括基础设施的系统架构、资源虚拟化技术和星地协同操作环境等内容；第 4 章对天地一体化信息网络组网控制服务进行了介绍，包括路由转发技术的发展概况及特点、组网控制服务的功能架构及部署方式等；第 5 章对天地一体化信息网络的接入控制服务进行了详细介绍，包括异构融合接入技术、动态切换技术，以及移动性管理技术等内容；第 6 章介绍了天地一体化信息网络会话控制服务，包括会话控制的能力需求、会话控制服务设计，以及会话控制流程等内容；第 7 章介绍了天地一体化信息网络的网络管理服务，包括网络管理服务的技术体系、架构组成、协议规范，以及部署方式等；第 8 章介绍了天地一体化信息网络安全服务，包括安全态势预警、统一安全管理、实体认证与安全接入等；第 9 章介绍了融合通信服务，分析了融合通信服务的技术现状，探讨了融合通信服务的功能架构以及具体的功能组成；第 10 章介绍了天地一体化信息网络中的内容分发服务，分析了内容分发服务的工作模式和关键技术，并进一步探讨了 CDN 与云、雾计算等技术的融合应用。

在此书编写过程中，作者参考了大量国内外著作和文献，在此对这些文献的作者表示感谢！

由于作者水平有限，书中难免存在疏漏和错误，敬请读者批评指正。

作者

2022 年 10 月

目　录

第 1 章

天地一体化信息网络及通信服务概述

随着科学技术的发展，人类生产、生活和科研活动的范围逐渐扩大，已经从常住的城市和农村，逐步扩展到人烟稀少的山区、沙漠、海洋、深地、天空，甚至是太空。功能单一、结构规则、相互之间孤立的网络系统已经不能满足人们对实时性、综合性通信业务的需求。为了解决通信业务在任意位置的覆盖问题，建设具有多种信息服务功能、全球广域覆盖的天地一体化信息网络，是满足人类社会日益繁杂信息需求的必然选择。

︱1.1　天地一体化信息网络概述　︱

本书所述的天地一体化信息网络是一种能够为用户提供电话、数据和视频图像等通信业务的电信网,它由空间卫星节点互联组成的天基网络与地面网络融合互联构成。天基网络与地面网络的融合发展,增加了网络广域覆盖的突出特点,对于实现海上、空中以及地面网络系统难以覆盖的边远地区通信与信息服务有其明显优势,已成为广域通信业务与服务保障和信息应用的一个重要发展领域。然而,由于空间环境和天基网络应用的一些特点,地面相对成熟的网络技术并不能直接应用于天基网络。因此,发展建设天地一体化信息网络的重点是创新和实现天基网络技术,并实现天基网络与地面网络有机融合。

1.1.1　天地一体化信息网络的组成

未来建设的天地一体化信息网络将以地面网络为依托,以天基网络为拓展,采用统一的架构、统一的技术体制、统一的标准规范,由天基网络与地面互联网、移动通信网互联而成,天地一体化信息网络构成如图 1-1 所示。在天地一体化信息网络中,无论是天上的卫星还是地面网络的路由交换设备等,都被统称为"节点",其中的各种信息传输链路被统称为"链路"。

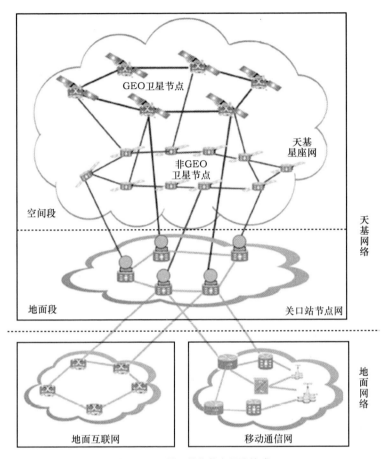

图 1-1　天地一体化信息网络构成

天基网络由空间段和地面段组成。空间段的天基星座网既可以包含地球静止轨道（GEO）卫星节点和非 GEO（如中地球轨道（MEO）或低地球轨道（LEO））卫星节点，也可以仅包含 GEO 卫星节点，或者仅包含非 GEO 卫星节点；地面段的关口站节点网由与天基星座网相关的地面关口站互联构成，它一方面与空间段的天基星座网互联和交互信息，另一方面与地面互联网和移动通信网互联和交互信息。

1.1.2　天地一体化信息网络的基本形态

从目前国际上天地一体化信息网络的发展来看，其网络架构形态大致可以分为以下 3 种类型。

1. 天星地网

天星地网是天地一体化信息网络最早的网络形态，即天上的卫星节点之间没有星间链路，不进行互联组网，而是通过布设在全球的地面关口站与地面网络实现互联，构成天星地网系统，提供覆盖全球的信息服务。例如，国际海事卫星系统（Inmarsat）等。

2. 天基网络

天基网络是天地一体化信息网络的第二类网络形态，这种网络形态不依靠地面网络，仅通过天上卫星节点之间的星间链路互联，构建天基网络，就可以为用户提供覆盖全球的信息服务。例如，美国先进极高频（AEHF）卫星通信系统，以及低轨个人移动通信铱星（Iridium）系统等。

3. 天网地网

天网地网是天地一体化信息网络的第三类网络形态，在这种网络形态中，不仅天上的卫星节点互联组网，地面关口站节点也互联组网，而且天网和地网相互连接、融合，共同构成天地一体化信息网络的天网地网。例如，美国的转型卫星通信系统（TSAT）计划。

1.2 天地一体化信息网络发展现状与趋势

天地一体化信息网络覆盖海洋远边疆、太空高边疆和网络新边疆，其地位十分重要，世界强国纷纷制定发展战略并投入巨资，布局以高轨道高通量卫星通信星座、低轨卫星互联网星座为重点的天基通信网络建设，谋求在新技术、新产业和空间频率轨位资源方面的领先优势。面对新形势，自主创新发展天地一体化信息网络、发展自主可控的空间信息基础设施是我国实现全球信息服务的必然选择。

1.2.1 发展现状

1. 基于 GEO 星座的天地一体化信息网络

自 20 世纪 60 年代第一颗 GEO 商用通信卫星（晨鸟号）升空以来，GEO 卫星通信系统的技术已经非常成熟。GEO 卫星节点在赤道上空距地面 35800km 的轨道上运行，从理论上讲，用 3 颗 GEO 卫星节点即可实现全球覆盖，因此，基于 GEO

卫星节点构建天地一体化信息网络是最简单的一种模式。

（1）Inmarsat

Inmarsat 是国际上最早提供覆盖全球的商用卫星移动通信业务的运营商。Inmarsat 始建于 1979 年，早期主要从事全球海事卫星通信服务，后来其运营范围逐渐扩展到了航空通信和陆地移动通信，1994 年，"国际海事卫星组织"改名为"国际移动卫星组织"，但其英文缩写不变，仍为"Inmarsat"。

Inmarsat 是典型的"天星地网"形态，由空间段、地面段和用户段组成。

Inmarsat 的空间段由其在空间运行的各种卫星节点组成。目前，Inmarsat 已经发展到第 5 代系统，在轨运行的共 13 颗 GEO 卫星节点，分别是 5 颗使用 L 频段的 Inmarsat 第 4 代（I4）卫星节点、5 颗使用 Ka 频段的第 5 代（GX5）卫星节点（GX5 卫星于 2019 年 11 月 26 日发射升空），以及 3 颗用于局部区域增强的卫星节点，如服务于欧洲航空网络（EAN）的 S 频段卫星 I-S 节点，覆盖欧洲、中东和非洲的 L 频段卫星 Alphasat 节点。Inmarsat 空间段的这些卫星节点之间没有星间链路。

Inmarsat 的地面段由网络运维中心（NOC）、汇接点（MMP）中心和分布在世界各地的卫星关口站组成。网络运维中心设在英国伦敦 Inmarsat 的总部，用于完成对 Inmarsat 卫星节点和地面网络的管理与控制。Inmarsat 有 3 个地面信息汇接点中心，分别位于美国的纽约、荷兰的阿姆斯特丹和中国的香港，用于汇接附近区域地面关口站的信息并接入地面光缆网，实现 Inmarsat 业务与地面互联网和移动通信网业务的互联互通。Inmarsat 在全球设有 11 个关口站，分别部署于美国、加拿大（2 个）、意大利、荷兰、希腊、澳大利亚（2 个）、新西兰（2 个），以及太平洋上的夏威夷（美国）。

Inmarsat 的用户段由各类船载站、机载站、LEO 星载站，以及陆地岸站和用户手持终端站等组成，为世界各地的用户提供卫星电话和数据服务。

（2）美国先进极高频（AEHF）卫星通信系统

随着美国"军事星"（Milstar）系统的退役，AEHF 卫星通信系统成为了美军新一代的受保护卫星通信系统，可以为美军及盟军提供安全、受保护和抗干扰的全球军事卫星通信服务。AEHF 卫星通信系统比 Milstar 系统具有更大的传输容量和更高的数据速率，每颗 AEHF 卫星的总通信容量比由 5 颗卫星构成的整个 Milstar 系统还要大，同时响应时间也更短，能够更好地支持美军的带宽需求，并快速反映服务需求。

AEHF 卫星通信系统是典型的"天基网络"形态，由空间段、任务控制段和用户终端段组成。

空间段由 6 个 GEO 上的 AEHF 卫星节点构成，2020 年 3 月 AEHF-6 卫星发射升空，完成全系统组网。AEHF 卫星节点具有星上处理和星间链路能力，其上行链路采用 EHF 频段（44GHz），下行链路采用 SHF 频段（20GHz），数据速率范围为75bit/s～8.192Mbit/s。这些卫星节点通过 V 频段（60GHz）双向的 60Mbit/s 星间链路互联构成 AEHF 卫星星座，提供的通信服务覆盖范围从地球北纬 65°到南纬 65°，使得 AEHF 卫星星座具有覆盖全球（除了南北极之外）的端到端全程信息处理与传送能力，而无须地面固定关口站和网络的参与。这就减少了卫星通信系统对地面支持系统的依赖，使 AEHF 卫星通信系统在地面控制站被毁坏后至少还能自主工作6 个月。

任务控制段提供 AEHF 卫星星座的控制和维护功能，由任务规划单元、测试和训练仿真单元、任务操作单元等组成。任务控制段分布在多个地面固定和移动站点。固定站点包括位于美国施里弗空军基地的 AEHF 卫星操作中心以及位于美国范登堡空军基地的 AEHF 卫星操作中心。3 个移动站点包括 1 个指挥移动备用司令部和 2 个AEHF 移动星座控制站。

AEHF 系统支持的用户终端段主要包括：单信道抗干扰便携式（SCAMP）终端、保密移动抗干扰可靠战术终端（SMART-T）、先进超视距终端（FAB-T）和海军多波段终端（NMT）。这些可快速部署的机载、舰载、车载和便携式 AEHF 终端将连通全球范围的作战部队，为其提供任何时间和任何地点的通信能力。

2. **基于 LEO 星座的天地一体化信息网络**

LEO 星座采用运行在低地球轨道（距离地球表面 120～2000km）的卫星群提供宽带互联网接入等通信服务，具有低时延、信号强、可批量生产和成本低等特点，能够进一步满足人们对全球无缝覆盖的宽带网络服务需求。

早期的低轨通信星座主要有铱星、全球星和轨道通信卫星系统等，现在都已升级换代，其中铱星二代系统开始提供宽带数据服务。目前，国外多家企业提出了低轨互联网星座计划，以 SpaceX 公司为代表的企业开始主导低轨互联网星座建设，其"星链"星座已发射 11 批共计 653 颗卫星节点，进入密集部署阶段；"一网"星座已发射 3 批共 74 个卫星节点；电信卫星（Telesat）和柯伊伯（Kuiper）星座有待实施。国内"虹云""鸿雁""天象""银河"等星座网络相继发射了验证卫星。目前，全球低轨互联网星座发展正在进入一个高潮期，下面简要介绍近年来发展较快的低轨互联网星座。

（1）铱星（Iridium）二代系统

美国摩托罗拉公司 1987 年提出了铱星全球移动通信系统，铱星一代系统 1996 年开始试验发射，1998 年投入业务运营，其空间段由 66 个质量较轻的小型卫星节点和数个备用卫星节点组成，运行在 780km 的太空轨道上，使用 Ka 频段与关口站进行通信，使用 L 频段和终端用户进行通信交互。铱星系统经历了 2001 年的破产重组，为取代逐渐进入寿命终期的铱星一代星座，铱星公司 2005 年启动了铱星二代系统的部署。从 2017 年 1 月 14 日到 2019 年 1 月 11 日，75 个铱星二代卫星节点（66 个在轨工作卫星节点和 9 个在轨备份卫星节点）分 8 次成功部署，单个卫星节点的质量为 860kg，设计在轨使用寿命为 15 年，运行在高度为 780km、倾角为 86.4°的低地球轨道，卫星节点提供 L 频段 1.5Mbit/s 和 Ka 频段 8Mbit/s 的高速数据服务。

2019 年 1 月 16 日，铱星公司推出了 Iridium Certus350 宽带服务，可为用户提供 352kbit/s 的数据速率。2020 年 2 月 27 日，Iridium Certus700 正式上线，最高下载数据速率较上一代翻一番，已达 702kbit/s。Iridium Certus 可为申请购买该服务的企业和团队提供移动办公功能，并为自动驾驶汽车、火车、飞机等提供双向远程通信，还可以满足在蜂窝网络覆盖范围之外用户的关键信息搜索服务需求，用户主要包括急救人员和搜救组织。

（2）一网（OneWeb）

英国 OneWeb 公司的一网星座是一个由 882 个（648 个在轨，234 个备份）卫星节点组成，为全球个人消费者提供互联网宽带服务的低轨卫星星座。于 2022 年初步建成低轨卫星互联网系统，到 2027 年建立健全的、覆盖全球的低轨卫星通信系统。648 个通信卫星节点的工作频谱为 Ku 波段，在距地面大约 1200km 的环形低地球轨道上运行。

2019 年 2 月，首批 6 个卫星节点成功升空；2020 年 2 月 7 日、2020 年 3 月 21 日第二批及第三批各 34 个卫星节点发射升空。至此，一网星座在轨运行卫星节点已有 74 个，展示了超过 400Mbit/s 的数据速率和 32ms 时延的系统性能。

OneWeb 公司原计划在 2020 年完成 10 次卫星发射任务，快速部署第一阶段 648 个卫星节点，2021 年实现全球服务，最终实现 1980 多个卫星节点在轨运行，从而构建覆盖全球的宽带通信网络。然而，2020 年 3 月 27 日，因受到新冠肺炎疫情影响，OneWeb 公司及其最大投资者日本软银的 20 亿美元投资谈判破裂，OneWeb

公司向美国破产法院申请破产保护。但 2020 年 5 月，OneWeb 公司仍向美国联邦通信委员会（FCC）递交了卫星宽带服务申请书，将计划建设的星座提升到 47844 个卫星节点的量级，并对系统的轨道平面和部署特性进行调整，以完成全球网络的覆盖。

2020 年 7 月 3 日，英国政府宣布，其主导的财团和印度移动网络运营商 Bharti Global 成功联合竞购了卫星运营商 OneWeb 公司，以帮助重组其星座业务。目前，OneWeb 公司已经开始其新卫星的制造工作。

（3）星链（Starlink）

星链是美国 SpaceX 公司的一个项目，其计划在 2019—2025 年在太空搭建由约 1.2 万颗卫星组成的"星链"网络提供互联网服务。截至 2022 年 3 月，已累计发射 2000 多颗"星链"卫星，为美国、英国、加拿大、澳大利亚等国的 25 万名用户提供互联网接入服务。

美国 SpaceX 公司的卫星互联网项目星链于 2018 年 3 月得到 FCC 批准进入美国市场运营。根据 SpaceX 公司向 FCC 提交的文件，星链星座原计划共部署约 12000 个卫星节点，其中，4425 个轨道高度为 1100～1300km 的中地球轨道卫星节点，7518 个轨道高度不超过 346km 的近地轨道卫星节点。SpaceX 公司预计在 2025 年最终完成约 12000 个卫星节点发射，能够为全球用户提供至少 1Gbit/s 的宽带服务，最高可达 23Gbit/s 的超高速宽带网络。此外，2019 年 10 月，SpaceX 公司又向 FCC 提交了额外发射 3 万个卫星节点的申请，轨道高度为 328～580km。

在组网第一阶段，约 1600 个卫星节点将在 550km 高度处环绕地球运行。之后，2700 多个卫星节点会进入 1100～1325 km 的较高轨道，完成全球组网。第二阶段的 7000 多个卫星节点将进入更低的 300km 高度，增加整个网络的带宽。

每个 Starlink 卫星节点重约 227kg，装有多个高通量相控阵天线和一个太阳能电池组，使用以氪为工质的霍尔推进器提供动力，配备和"龙飞船"相似的星敏感器高精度导航系统，能够自动跟踪轨道附近的太空碎片并避免碰撞，卫星节点的在轨寿命为 1～5 年。每个卫星节点的生产和发射成本已经远远低于 50 万美元，60 个卫星节点可提供 1Tbit/s 的带宽，即每个卫星节点的带宽接近 17Gbit/s。

（4）电信卫星（Telesat）星座

加拿大卫星运营商电信卫星公司是世界五大商业卫星运营商之一。2016 年，Telesat 公司披露其低轨星座计划，该系统将包括在两个轨道上的至少 117 个卫星节点，之后方案更改为 300 个卫星节点或更多。Telesat 公司计划在 2023 年开通全球服务。

卫星将分布在两组轨道面上：第一组轨道面为极轨道，由 6 个轨道面组成，轨道倾角 99.5°，高度 1000km，每个平面至少 12 个卫星节点；第二组轨道面为倾斜轨道，由不少于 5 个轨道面组成，轨道倾角 37.4°，高度 1200km，每个平面至少 10 个卫星节点。就功能而言，第一组极轨道提供了全球覆盖，第二组倾斜轨道更关注全球大部分人口集中区域覆盖。Telesat 星座将在 Ka 频段（17.8～20.2GHz）的较低频谱中使用 1.8GHz 的带宽用于下行链路，而在上 Ka 频段（27.5～30.0GHz）使用 2.1GHz 的带宽用于上行链路。单个卫星节点重约 800kg，设计寿命 10 年，并携带两个冗余的氪燃料电力推进系统，整个星座的总容量将达到 16～24Tbit/s，其中约 8Tbit/s 用于销售，剩余的容量将覆盖海洋和无人居住的陆地，Telesat 星座系统架构如图 1-2 所示。

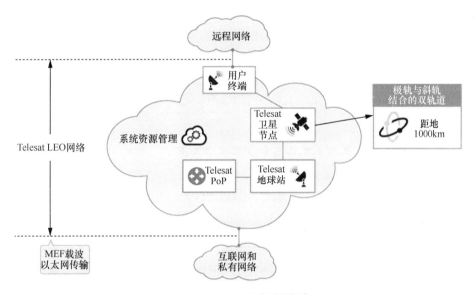

图 1-2　Telesat 星座系统架构

　　2018 年 1 月 12 日，Telesat 的低轨高通量试验卫星 LEO Vantage 1 搭载印度极地卫星运载火箭（PSLV）发射入轨，用于验证低地球轨道星座的低时延宽带通信。2020 年 4 月 30 日，Telesat 公司表示由 298 个卫星节点组成的互联网星座的使能技术已足够成熟，将选择一家主要承包商研制低地球轨道卫星。Telesat 公司计划在 2023 年年初发射 Thales Alenia Space 公司制造的第一批 298 颗卫星，同年在高纬度地区提供部分服务，2024 年提供全球服务。

（5）柯伊伯（Kuiper）星座

2019 年，美国的亚马逊公司推出了柯伊伯星座计划，拟投入数十亿美元发射 3236 个 Ka 波段卫星节点，其中 784 个卫星节点位于 590km 高度的轨道，1296 个卫星节点位于 610km 高度的轨道，1156 个卫星节点位于 630km 高度的轨道，提供高速率、低时延的互联网宽带服务。

柯伊伯星座是目前所有低轨互联网星座中最低、最密集的一种，它在高度上与其他星座区分开，一方面避免了同轨道的拥挤和碰撞，另一方面占据最低的轨道可使通信性能达到最优、发射运输成本最低、发射可用的火箭也最广泛。但缺点是，对同样的地表范围需要的卫星数量会相对较多，以便覆盖到所有的目标区域（南北纬 56°之间）。

亚马逊公司目前尚未披露其打算何时发射首批"柯伊伯"卫星节点，但需要在 2026 年之前发射至少一个卫星节点，才能达到国际电信联盟（简称国际电联）申请后 7 年内让频谱启用的时间要求。该公司是 2019 年 3 月向国际电联提出 Ka 波段频谱申请的。亚马逊公司 2019 年 7 月对 FCC 表示，它打算分 5 个阶段来发射柯伊伯项目卫星节点，卫星节点设计工作寿命为 7 年，2026 年前将完成一半数量的卫星节点发射任务。

3. 我国的 LEO 星座系统已发射多颗试验卫星

（1）"鸿雁"星座

"鸿雁"星座是中国航天科技集团有限公司规划并发布的 LEO 星座，由 300 个低轨道小卫星节点组成，具有全天候、全时段且能在复杂条件下实时双向通信能力的全球系统，能实现对海域航行船舶的监控和管理、对全球航空目标的跟踪和调控，以保证飞行安全，还能增强北斗导航卫星系统，提高北斗导航卫星定位精度。2018 年 12 月 29 日，"鸿雁"星座发射首个试验星节点"重庆号"，配置有 L/Ka 频段的通信载荷、导航增强载荷、航空监视载荷，可实现鸿雁星座关键技术在轨试验。

（2）"虹云"星座

"虹云"星座是由中国航天科工集团第二研究院规划发布的 LEO 星座，设计由 156 个卫星节点组成，在距离地面 1000km 的轨道上组网运行，构建一个卫星宽带全球移动互联网实现全球互联网接入服务。2018 年 12 月 22 日，虹云星座技术验证星在酒泉卫星发射中心成功发射入轨后，先后完成了不同天气条件、不同业务场景等多种工况下的全部功能与性能测试。

（3）"天象"星座

"天象"星座是中国电子科技集团公司按照"天地一体化信息网络"实施方案设计的 LEO 星座，由 120～240 个卫星节点组成，采用星间链路和星间处理交换技术，能够实现在国内布设极少数地面关口站支持下的全球无缝窄带和宽带通信与信息服务。2019 年 6 月 5 日，"天象"试验 1 星、2 星通过搭载发射成功进入预定轨道，卫星节点搭载了基于软件重构功能的开放式验证平台，实现了软件定义网络（SDN）天基路由器、星间链路、导航增强和 ADS-B 等设备功能，首次开展了基于低轨星间链路的天基组网信息传输、星间测量、导航增强、天基航空航海监视等技术试验。

（4）"银河 Galaxy"星座

成立于 2018 年的银河航天公司，规划建设了由上千个卫星节点组成的"银河 Galaxy"星座，轨道高度 1200km，系统建成后用户可以高速灵活地接入 5G 网络。2018 年 10 月 25 日，银河航天试验载荷"玉泉一号"搭载长征四号乙运载火箭（CZ-4B）发射升空，进行星载高性能计算、空间成像、通信链路等试验验证。2020 年 1 月 16 日，银河航天首发星发射升空，卫星质量 200kg，采用 Q/V 和 Ka 等通信频段，具备 10Gbit/s 速率的透明转发通信能力，可通过卫星终端为用户提供宽带通信服务。

1.2.2　发展趋势

在全球信息化应用需求的牵引和信息通信及航天领域技术发展推动的双重作用下，天地一体化信息网络将得到迅猛发展。为了面向不同行业用户提供覆盖全球的综合性信息服务，天地一体化信息网络将在多个独立建设的天基信息系统基础上逐渐发展起来，并将经历从分立系统到体系综合的复杂过程。

1.　通过星间链路实现天基网络的空间连通

为了实现全球无缝覆盖，特别是覆盖超过地表 70%面积的海洋，天地一体化信息网络将利用星间链路实现天基网络在空间的连通，并且在卫星节点上配置具有信号处理和路由交换能力的载荷。这样的天基网络就可以减少对地面设施的依赖。一方面，增强了其自主运行的能力；另一方面，只须在地面布设少量的地面关口站就可以实现全球的无缝覆盖。这种空间互联的天基网络方案非常适合我国。

2. 天基网络由单层星座向多层星座拓展

目前已经建成的天基网络都是单层星座，例如，AEHF 系统是 GEO 单层星座网络，铱星系统是 LEO 单层星座网络。不同轨道高度的星座网络具有不同的特点，可提供的服务差异也很大。GEO 星座网络的结构简单，少量的卫星节点就可以实现全球覆盖，但是在信息传播时延和对地面终端要求等方面存在不足；LEO 星座网络的结构比较复杂，需要大量卫星节点才能覆盖全球，但是在信息传播时延和对地面终端要求等方面有优势。显然，多层星座（例如 GEO+LEO）网络在综合性能以及网络抗阻塞和抗毁性等方面比单层星座网络具有更优越的性能。

3. 天基网络由单一功能向应用多功能拓展

随着信息通信及航天领域技术的发展，天基网络的功能将由原来单一的通信应用功能向通信、导航增强、对地观测和物联网等多应用功能拓展。例如，铱星一代系统仅具有通信应用功能，铱星二代系统除了提高其通信载荷的性能之外，还加装了具有其他应用功能的信息处理载荷，拓展了导航增强、低分辨率对地成像、全球航空监视（ADS-B）、全球航海监视（AIS）和气候变化监视等应用功能。随着天基网络节点通信与计算能力的增强，具有多种应用功能的"天基信息港"建设将成为现实。

4. 星间链路以激光为主，星地链路以微波为主

激光链路具有通信容量大、安全性好、设备轻便等特点，另外在大气层外还具有传输损耗小、传输距离远、通信质量高的优点，因此天基网络的星间链路将采用以激光链路为主、微波链路为辅的技术方案。即无论是 GEO 星座的星间链路，还是 LEO 星座中同轨道面的星间链路，都将采用激光链路，而 LEO 星座中异轨道面之间节点的星间链路采用微波链路。对于星地链路，由于存在大气的影响，将采用以微波链路为主、激光链路为辅的方案。

5. 天基网络与地面网络融合发展

在应用方面，天基网络与地面网络面对不同的应用场景具有各自优势，是互补关系。地面网络（包括地面移动网络）能够在人口密集区域提供大容量的通信与信息服务，但受制于技术和经济成本等因素，只覆盖了约 20%的陆地面积，小于 6%的地表面积。天基网络则可以解决地面网络解决不了的偏远地区、荒漠、山区、海洋、空中与太空等的通信问题，特别是偏远地区物联网应用的全球无缝覆盖问题，是地面网络的有益补充。另外，发生地震、海啸等严重自然灾害时，地面网络容易受损而导致通信中断，如汶川地震中，天基网络成为重要的应急通信手段。

在技术方面，天基网络与地面网络分别基于各自的特点和需求在不断进步，但总的来说，地面网络的技术进步快于天基网络，例如，软件定义网络技术、网络功能虚拟化（network functions virtualization，NFV）技术和网络切片（network slicing，NS）技术等。近年来，这些新的网络技术在经过适应空间环境的改进后将逐步应用于天基网络，出现了天基网络与地面网络技术融合发展的趋势。根据国际电信联盟的预测，未来的 6G 移动通信系统将融合地面移动通信系统、高中低轨卫星通信，以及短距离直接通信等技术，并融合通信与计算、导航、感知和人工智能等技术，为信息通信市场和应用提供更广阔的创新空间。

| 1.3　天地一体化信息网络发展面临的技术挑战 |

天地一体化信息网络在物理空间上包括陆地（含海面）网络、空中网络和天基网络多个层级，特别是天基网络的特殊性，导致其具有异构网络互联、拓扑动态变化、传播时延高、时延方差大、网络节点暴露、信道开放及卫星节点处理能力受限等特点，因此，其发展建设将面临诸多技术挑战。

1. 网络异构互联且拓扑高度动态变化

天地一体化信息网络在组成上，由天基星座网、关口站节点网、地面互联网和移动通信网等多种异构网络互联融合而成，从而导致对网络的端到端通信协议设计、网络资源和信息传送控制等技术带来挑战；如果天基星座网中包含非 GEO 的卫星节点，则整个网络的拓扑结构将会高动态地变化，从而对网络端到端的路由寻址、链路和用户切换控制技术等带来挑战。

2. 传输链路高时延且间歇性连接

天地一体化信息网络中星间和星地链路传输距离远，采用大带宽的激光或者微波链路，具有显著的"大时延带宽积"特性，存在信息传输高时延和时延抖动大的问题。加之网络拓扑的动态变化，进一步加大了节点间传输链路持续保持的难度和信息传播时延抖动的幅度，对网络端到端可靠信息传输技术带来挑战。

3. 卫星节点暴露且信道开放

天地一体化信息网络中的卫星节点直接暴露于太空轨道上，除了考虑会受到空间环境中高能粒子辐射和太阳电磁辐射等的影响，而必须采取抗辐照加固技术之外，还要考虑节点和信道开放，更加容易受到人为干扰、窃听、无线入侵、病毒植入和拒绝服务等网络攻击，从而对网络安全技术带来极大的挑战。

4. 卫星节点的资源受限

受卫星节点质量及太空环境等因素的影响，天地一体化信息网络中卫星节点的各种资源是受限的，例如，卫星节点的计算、存储、带宽和电源功率等资源均受到较大限制，而且在现有技术条件下卫星节点发射后，硬件层面几乎没有升级改造的可能，难以实现能力的有效扩展。所以，应当合理地协调与分配地面网络与天基网络之间的功能和能力。

5. 网络面向不同类别用户提供服务

在应用层面，天地一体化信息网络将面向陆、海、空、天各类用户提供服务，由于不同类别用户对网络服务质量（QoS）和安全性等的要求不同，如何通过物理隔离或者网络资源虚拟化等技术构建各类专用的逻辑网络，以满足各类不同用户的使用需求，将对网络资源管控和网络安全等技术带来挑战。

1.4 天地一体化信息网络建设需要解决的关键技术问题

天地一体化信息网络研制与建设的工程规模大、涉及的专业领域广、技术难度高，需要突破与掌握一系列的关键技术。

1.4.1 天地一体化信息网络功能参考模型

按照"网络一体化、功能服务化、应用定制化"的思路，采用网络功能虚拟化、软件定义网络等技术，从逻辑上将天地一体化信息网络的功能划分为信息传送、网络服务、应用系统 3 个层次。同时，立足提高体系安全防御及快速响应能力，突出安全防护和运维管理功能的一体化保障的支撑作用。天地一体化信息网络功能参考模型如图 1-3 所示。

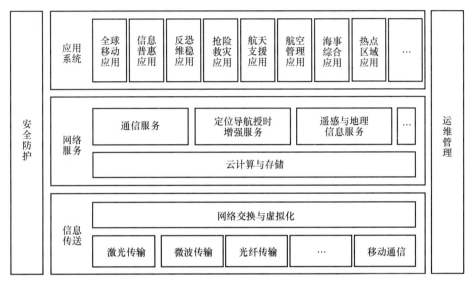

图 1-3　天地一体化信息网络功能参考模型

1．信息传送层

在统一的网络协议体系下，兼容微波传输和激光传输等多种通信手段，采用"分域自治、跨域互联"机制，确保各自独立运行和自主演化的天基 GEO 星座网、天基 LEO 星座网、地面关口站节点网等子网协同完成天地一体化信息网络路由和端到端信息传送，为实现大时空尺度联合组网应用提供支撑。

2．网络服务层

在统一的云平台框架下，按照"资源虚拟、云端汇聚"机制，实现天基分布式网络资源和信息资源向地面关口站（数据中心）网络聚合，并以多中心形式联合提供通信服务、定位导航授时增强服务和遥感与地理信息服务等，形成功能分布、逻辑一体的网络服务体系。

3．应用系统层

面向天地一体化信息网络的各应用领域（例如，航天支援、航空管理和海事综合应用以及全球移动通信等），将信息传送、网络服务等功能向各应用领域的用户端延伸，通过网络分域隔离、跨域安全控制等途径，动态构建面向不同领域的应用系统、具有不同安全等级的业务承载网，并与本地应用组合集成，构建满足不同需求的应用系统。

4. 安全防护

安全防护为信息传送、网络服务和应用系统 3 个层次提供安全防护功能。按照"弹性体系、内生安全"思路,强化物理安全和网络安全一体化设计,从体系结构层面建立弹性可扩展的网络体系,同时形成适应高动态网络特性,并能覆盖信息传送、网络服务、应用系统多层次的网络安全防护体系。

5. 运维管理

运维管理为信息传送、网络服务和应用系统 3 个层次提供运维管理与控制功能。在统一的运维管理框架下,采用"分级管理、跨域联合"机制,集成综合测控、网络管理、服务管理和运维支撑等手段,通过跨域联合管理,形成全网统一运行态势,支持实现全网资源跨域联合调度,为用户提供一体化运维服务。

1.4.2 需要突破与掌握的关键技术

1. 体系结构设计与优化技术

天地一体化信息网络是涉及多轨道天基星座网、关口站节点网、地面互联网和移动通信网互联的异构网络,同时也是面向多个应用方向和多类服务对象互联的复杂系统。

网络内部存在激光、毫米波、微波等多种传输链路,以及全光电路、射频(RF)电路、分组等多种交换技术体制,其网络拓扑、规模和连接关系等均动态可变,需要适应近地空间(36000km 以下)、临近空间(20~100km)、近地(20km 以下)、海面和陆地等多种用户接入环境。如何按需实现网络结构自组织、网络状态自调节、网络传输自适应,提升网络多级安全和服务能力,需要结合技术发展现状,创新开展天地一体化信息网络体系结构设计与优化技术研究,以满足全球覆盖、按需服务、安全可信、灵活接入和天地一体等能力需求。

2. 星座设计与优化技术

星座设计是天基网络的一项专有技术,是对天基星座网的构型、卫星节点轨道/频率、星间/星地互联链路等的总体设计,其目标是用最少的卫星节点实现对指定区域的覆盖,并获得最佳性能。在设计中,既要面向各类应用系统的服务范围和服务对象做"设计",又需要结合空间卫星节点的轨位和频率等实际情况反复做"安置性"的优化。从网络中卫星节点所处轨道位置来看,由于 GEO 卫星节点对地相对静止，卫星节点间的网络拓扑相对固定，因此 GEO 卫星节点往往会成为构建天基星座骨干网的首要选择；而在非 GEO 卫星节点网络方面，由于不同轨道的卫星节点提供不同覆盖范围、传输速率、业务支持能力，因此其星座构型、轨道和频率等都需要进行优化设计。

3. 网络协议设计与优化技术

天地一体化信息网络由天基星座网、地面关口站节点网、地面互联网和移动通信网互联构成，并且面向不同业务需求的应用系统和用户提供服务，而且具有网络传输链路距离长、时延及抖动大、连接通断频繁及通联关系动态可变、网络用户广域接入和突发业务量大等特点。一方面，需要在综合网络实现、成本与风险等约束条件下，开展与天地一体化信息网络特点相适应的信息传输、路由交换、接入控制等网络协议研究，解决"大时延带宽积"条件下的端到端可靠信息传送控制问题，以提升网络资源利用率及业务支持能力；另一方面，也要充分考虑地面网络技术（例如，软件定义网络、网络功能虚拟化、网络切片、边缘计算等技术）最新进展和发展趋势，以及天基网络与地面网络互联互通要求，开展新型天基网络协议的设计，并通过仿真和样机验证等手段，设计出适合我国天地一体化信息网络发展的网络协议体系，满足各类用户的使用需求。

4. 网络资源虚拟化及按需组网技术

在应用层面，天地一体化信息网络将面向陆、海、空、天各类用户提供服务，由于不同类别用户对网络服务质量（QoS）和安全性等的要求不同，如何实现天地一体化信息网络资源的灵活调度以及与任务的高度匹配，满足应用需求，可围绕天基网络节点资源受限、GEO 卫星节点与非 GEO 卫星节点能力差异大、在轨硬件升级难度大等问题，开展 GEO、MEO 和 LEO 等不同轨道卫星节点、链路和地面关口站资源（如计算、存储、带宽、频率和功率等）的虚拟化研究。在网络服务层增加网络资源虚拟管理与调度、服务编排与封装等功能，使得网络能够根据不同应用系统的不同任务构建虚拟逻辑网络（网络切片），并提供按需服务，提高网络资源的利用率，实现网络资源可重组和网络功能可重构，提升网络的按需服务能力。

5. 网络可靠信息传输技术

天地一体化信息网络中的卫星节点和链路动态变化且稀疏分布，使得多点到多点间的信息传输容量随网络拓扑的时变空变而发生变化，高动态时变网络对传统信息传输理论和技术带来巨大的挑战，需要重点开展星间/星地高速激光与微波通信技术研究工作。在高速激光通信技术方面，核心技术主要包括相干激光调制、多制式数字解调、兼容有/无信标光的快速捕获与高精度跟踪、基于光学相控阵的光多址接入技术等；在高速微波/毫米波通信技术方面，为实现数吉比特每秒的高速传输，核心技术主要包括超高速高频谱效率传输技术体制、多载波超高速调制解调和天基网络协作信息传输技术等。另外，考虑到天基网络卫星节点暴露、链路开放和复杂干扰等因素，有必要开展高频谱效率可靠信息传输与抗干扰技术研究工作。

6. 网络服务技术

天地一体化信息网络不同于传统上仅提供传输管道功能的通信网，在其信息传送层和应用系统层之间增加了网络服务层，它的主要功能是通过对底层网络信息传送资源和能力的抽象，向各类上层的应用系统提供开放访问底层网络资源和能力的接口，使得上层应用系统的开发与底层的异构网络实现技术无关，并且能够充分利用底层网络提供的丰富资源，以一种统一的方式，灵活和高效地实现全球移动通信、航天信息支援、航空管理和海事综合应用等信息服务的提供。天地一体化信息网络可以为各类应用系统提供多种应用服务，例如，通信服务、导航增强服务和遥感与地理信息服务等。通信服务既包括话音、数据和即时消息等信息传送类的传统的通信业务，也包括完成用户接入控制、移动性管理、会话控制和信息分发等通信服务；导航增强服务扩展到定位导航授时增强服务，包括世界标准时间/北斗时间（UTC/BDT）授时、精度定位等定位导航授时（PNT）辅助信息服务，集群定位、坐标转换等导航与坐标信息服务，以及干扰监测信息、航路引导增强、精密进近增强等生命安全服务；遥感与地理信息服务包括基础地理信息服务，以及城市遥感、海洋监视、生态监测等专业遥感信息服务。

本书主要涉及与天地一体化信息网络通信服务相关的技术。

7. 网络安全防护技术

天地一体化信息网络中卫星节点和星间/星地链路暴露在空间，更加容易受到人为干扰、窃听、网络入侵、病毒植入和拒绝服务等网络攻击。此外，还面临多用户类别、资源异构、复杂服务和多级安全等需求，需要解决天地一体化信息网络安全防护架构设计、网络安全功能内嵌、密码按需服务和分级安全防护等问题，确保天地一体化信息网络安全可靠运行。针对网络安全防护架构设计和网络安全功能内嵌问题，可基于"拟态防御"的思想，采用"动态异构冗余—多模裁决—异常清洗"的网络防御模式，实现安全功能内嵌，能够对"已知的未知"风险或"未知的未知"

威胁实施可度量的安全防护。针对密码按需服务和分级安全防护等问题，开展跨用户域/网络域/应用服务域的密码资源统一管理与调度、星载资源受限设备轻量级可重构密码算法、多级安全加密和密码业务处理等关键技术研究，为天地一体化信息网络实体安全认证、信息保密传输和应用服务系统安全防护提供密码技术支撑。

8. 网络运维管理技术

天地一体化信息网络面临多尺度、多资源、异构性的复杂服务需求，如何获取有效而充分的网络资源，需要解决网络管理体系架构设计、网络资源优化利用和服务资源协调管理等问题，实现网络效能最大化和应用满意度最大化。针对网络管理体系架构和服务资源优化问题，可基于面向服务的架构体系（SOA），采用基于企业服务总线（ESB）的服务资源注册、发布、发现和管理方法，通过信息传输、格式转换、接口标准化、资源协同调度等技术，实现异构服务的重复高效运用，并采用模式匹配、事件序列分解、复杂语义检测、关键序列标定等方法，实现实时事件流分析和服务资源匹配优化。针对网络多维资源优化问题，可面向分布式资源管理，采用凸优化、稳健性优化和多目标优化理论，在多尺度下优化带宽、功率、波束、路由和转发器等网络资源，有效提高网络资源使用效率与网络服务效能。

9. 高并发差异化用户接入控制技术

天地一体化信息网络具有时空跨度大、网络拓扑高动态变化、用户广域分布和突发接入需求量大等特点，同时需要面向陆、海、空、天各类用户提供差异化服务。仅以用户接入速率为例，不同用户接入的信息速率差异很大（地面传感器用户接入速率只有几十比特/秒，甚至更少，而航天传感器用户接入速率可达几十兆比特/秒，甚至上百兆比特/秒），如何解决高并发、有差异化服务需求的用户接入控制问题，需要研究面向差异化服务需求的用户接入时变信道的速率自适应传输、时变网络结构的接入切换控制、时变网络资源的按需自适应灵活分配等关键技术，以提高天基网络用户接入的可靠性，提升用户信息端到端传送服务的能力。此外，地面 5G 移动通信系统的商用，也要考虑 5G 移动用户接入天基网络的相关技术问题。

10. 仿真验证及评估技术

天地一体化信息网络组成单元及相互通联关系动态复杂，涉及的关键技术和服务对象众多，需要依托 OPNET、NS2 及 STK 等仿真平台，构建完善的天地一体化信息网络仿真系统，建立不同轨道卫星节点的通信体制模型和不同轨道网系的网络模型库，开展信息传送层、网络服务层、应用系统层面的仿真研究。对关键算法和网络的整体性能指标、互联互通能力、资源利用率、运行状态等进行能力和运行情况仿真，对组网拓扑架构、路由与交换、网络安全防护、网络运维管理等技术体制进行仿真与验证，为不同任务类型网络的通信技术体制选取、性能指标设计提供支撑。并针对不同任务类型，合理选取效能评估方法和评价指标，构建面向多任务的网络总体效能评价体系，并与网络体系结构设计形成反馈迭代优化。

|1.5 天地一体化信息网络通信服务概述 |

从技术上来讲，天地一体化信息网络是由通信网络发展起来的电信网络，它既可以提供传统意义上的电话、数据和视频图像等信息传送类的通信业务，也可以基于网络中的智能化功能实体使网络具有灵活快速生成新业务的能力，以及满足各类应用系统定制化的按需信息分发能力。我们把后面这两类与业务相关的新网络能力也划归为"通信服务"的范畴。

1.5.1 电信网通信服务概念的由来

电信网是由用户终端、通信链路和信息交换/转接（信息存储与处理）节点组成，实现两个以上用户终端之间信号传输的信息通信体系，它是包括终端设备、传输设备、交换设备和信息处理设备（例如，服务器等）的综合系统，旨在向用户提供各种电信服务。公用电话交换网（public switched telephone network，PSTN）是最早建立起来的一种电信网，主要用于电话信息的传递，通信技术、计算机技术，以及高清晰度电视等多媒体技术的发展，对电信网提出了更高的要求。例如，为了满足计算机用户通信的需求，发展构建了公用数据分组交换网（public date packet switched network，PDPSN）和互联网（Internet），为了满足人们对移动出行时的通信需求，又发展构建了公共陆地移动网（public land mobile network，PLMN）等。

电信业务分为基本电信业务和增值电信业务。基本电信业务是指运营商利用网络基础设施为电信用户提供的基本话音、数据和视频通信等业务，是满足消费者基本通信需求的业务；增值电信业务是运营商在基本电信业务的基础上，为满足消费者更高层次的信息服务需求而提供的增强型业务，因此，它必须能够提供更好、更周到、更多样化的服务，符合不同消费者群体的个性化要求，例如，电子（话音）信箱、信息检索与处理、电子数据互换、电子查号和电子文件传输等业务。增值业务既可以给用户带来全新的应用体验，也可以为运营商带来可观的经济效益。

1.5.1.1　最早的通信服务概念来自电话网

电话网建立的初期主要为用户提供电话业务，它是指一个用户单独占有并使用一个独立的电话号码，通过网络与另外一个用户之间实现话音通信的业务。

进入 20 世纪 80 年代，在技术进步与人类生产和生活需求的促进下，电话网向用户提供的业务已由传统的电话业务拓展到了多种多样的电信新业务。所谓新业务，就是在原有电话业务上发展起来的增值业务，例如，话音邮箱、声讯服务等业务，以及后来通过音频调制解调器提供的窄带数据业务和图文业务等。

随着电话网业务种类日益增多，新业务的内容也日益复杂。这些复杂多变的业务处理已不可能完全由电话网中的程控交换机来承担，为此，电信运营商利用先进的信息通信技术（information and communications technology，ICT），在电话网之上叠加一层业务控制网络，即将原来网络中的部分程控交换机升级为业务交换点（service switching point，SSP）设备，并在电话网中采用了集中化的数据库和服务器设置"业务控制点（service control point，SCP）设备"，然后通过公共信道信令（No.7 信令）链路把业务控制点和业务交换点连接起来，形成所谓具有复杂多变的业务处理控制功能的智能网，智能网的组成结构如图 1-4 所示，从而使得电话网具有了能够快速灵活提供新业务的能力。这种由智能网提供的业务控制功能和能力称为智能网服务，它就是电信网中"通信服务"的雏形。综上，电信网的业务是面向用户提供的，而"通信服务"是电信网通过利用信息技术而产生的智能化的网络能力。一方面，它能够快速进行复杂多变的业务处理，使电信网具备快速生成新（增值）业务的能力；另一方面，也可以直接为用户提供智能化的信息服务，例如，信息推送、信息点播、信息广播等服务。

1．智能网的组成与功能

如图 1-4 所示，智能网主要由以下功能单元组成。

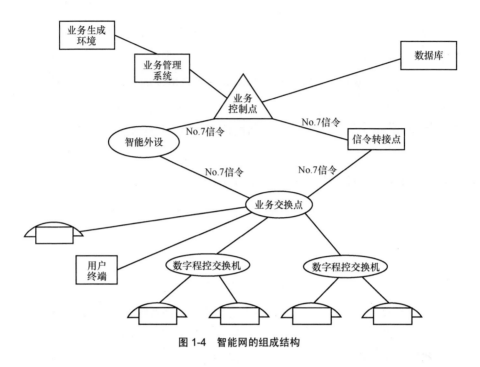

图1-4　智能网的组成结构

（1）业务交换点

业务交换点实现呼叫处理功能和业务交换功能。呼叫处理功能执行用户呼叫、执行呼叫建立和呼叫保持等基本接续操作。业务交换功能则能够接收、识别出智能业务呼叫并向业务控制点报告，进而接受业务控制点发来的控制命令。业务交换点一般以原有的数字程控交换机为基础，再配以必要的软硬件，以及 No.7 信令系统接口。

（2）业务控制点

业务控制点是智能网的核心功能部件。它存储用户数据和业务逻辑，接收 SSP送来的查询信息并查询数据库，进行各种译码。同时，它还能根据 SSP 上报来的呼叫事件启动不同的业务逻辑，根据业务逻辑向相应的 SSP 发出呼叫控制指令，从而实现各种各样的智能呼叫。智能网提供的所有业务的控制功能都集中在 SCP中。SCP 与 SSP 之间按照智能网的标准接口协议进行互通，SCP 一般由大、中型计算机和大型实时高速数据库构成。要求 SCP 具有高度的可靠性，每年服务的中断时间不能超过 3min，因此，SCP 应具有容错功能，且在网络中的配置起码是双备份甚至是三备份。

（3）信令转接点

信令转接点（signalling transfer point，STP）实质上是 No.7 信令的组成部分。在智能网中，STP 用于在 SSP 和 SCP 之间提供通信通路，其功能是转接 No.7 信令。

（4）智能外设

智能外设（intelligent peripheral，IP）是协助完成智能业务的专用资源。通常具有各种语音功能，如语音合成、播放录音通知、接收双音多频拨号、进行语音识别等。IP 可以是一个独立的物理设备，也可能是 SSP 的一部分。它接受 SCP 的控制，执行 SCP 业务逻辑所指定的操作。IP 设备一般造价较高，若在网络中的每个交换节点都配备是很不经济的。因此，在智能网中将其独立配置。

（5）业务管理系统

业务管理系统（service management system，SMS）是一种计算机系统。它一般具有 5 种功能，即业务逻辑管理、业务数据管理、用户数据管理、业务监测及业务量管理。在业务生成环境上创建的新业务逻辑由业务提供者输入 SMS 中，SMS 再将其装入 SCP，就可以在通信网上提供该项新业务。完备的 SMS 还可接收远端用户发来的业务控制指令，修改业务数据（如修改虚拟专用网的网内用户个数），从而改变业务逻辑的执行过程。一个智能网一般仅配置一个 SMS。

（6）业务生成环境

业务生成环境（service creation environment，SCE）的功能是根据用户的需求生成新的业务。SCE 为业务设计者提供友好的图形编辑界面，用户利用各种标准图元设计新业务的业务逻辑，并为之定义相应的数据。业务设计好之后，还需要进行严格的验证和模拟，以保证它不会给电信网中已有业务带来损害。此后，才将此业务逻辑传送给 SMS，再由 SMS 加载到 SCP 上运行。智能网的主要目标之一，就是便于新业务的开发，SCE 正是为用户提供了按需设计业务的可能性。从这个角度上说，SCE 是智能网的灵魂，真正体现了智能网的特点。

2．智能网服务平台

具有智能的电话网实现了话音和数据等业务信息传送与业务控制功能的分离，这时的电话网主要完成话音、数据等基本电信业务的传送功能，而智能网则完成复杂多变新业务的生成与处理功能。当网络需要增加新业务时，不用改造网络中的程控交换机，只需要修改升级业务控制点中的软件就可以实现网络智能业务的控制，从而大幅提高了电信运营商提供新业务的速度，降低了新业务的运营成本。

在智能网的概念中,将服务提供和基础网络的业务信息传递功能相分离,此概念原则上允许在不同的物理网络之上提供基于智能网络的服务。因此,智能网首先被应用于 PSTN,接着又被应用于综合业务数字网(integrated services digital network,ISDN),随后在 20 世纪 90 年代,随着移动网络的兴起,智能网又被应用于移动网络,即所谓的移动网增强逻辑的定制应用(customized application for mobile network enhanced logic,CAMEL)。CAMEL 在网络服务平台中占据重要地位,在当时大量应用于移动网络。

智能网服务平台的概念如图 1-5 所示。其在本质上是一个分布式操作系统,作为一个软件中间件运行于各种异构网络之上,并向上层应用提供同构的抽象网络。智能网服务平台的核心是服务独立构件(service independent block,SIB),SIB 其实是对网络功能的一个简单封装。在智能网体系结构上提供一组通用的 SIB,通过对 SIB 的简单重组形成新的服务,以提高软件组件的重用性,简化服务的开发过程。

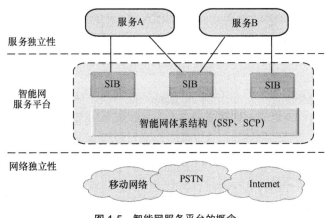

图 1-5　智能网服务平台的概念

1.5.1.2　互联网的服务化概念

20 世纪 80 年代出现的智能网技术,使电信网成为一个可编程环境,目标是加快电信网增值业务的开发过程,其基本思路是在 PSTN 物理网络上引入一层具有业务控制功能的服务体系结构(服务平台),把业务控制中的智能从传统的网络交换机中抽取出来,放入特定的集中式服务控制点。在后续的十多年内,虽然智能网和 CAMEL 服务变得非常流行,但是并没有在电信网的开放服务市场中发展起来。主要原因有两个：一是智能网上的编程方法非常受限，只使用了某些特定的信息技术，并不支持当时所流行的大众化编程方法；二是电信业界依然是封闭和垄断的，没有对 IT 领域数量巨大的工程师们开放接口。

1. 互联网发展现状与问题

互联网的前身是美国国防部高级研究计划署开发的世界上第一个数据分组交换网络 ARPANET，该网络采用了 TCP/IP 协议。20 世纪 90 年代之前，其主要的使用者还是研究人员、学者和大学生，他们登录远程主机，在本地主机和远程主机之间传输文件、收发新闻、收发电子邮件等。1989 年，欧洲粒子物理研究所（CERN）的 Tim Berners-Lee 教授发明了万维网（world wide web，WWW，简称 Web）技术，目的是使全球的科学家能够利用互联网交流自己的工作文档，互联网上任意一个用户都可以从联网计算机的数据库中搜索和获取文档。Web 设计初衷是一个信息资源发布系统，通过超文本标记语言（hyper text markup language，HTML）描述信息资源，通过统一资源标识符（uniform resource identifier，URI）定位信息资源，通过超文本传送协议（hyper text transfer protocol，HTTP）传输信息资源。HTML、URL 和 HTTP 3 个规范构成了 Web 的核心体系结构，是支撑 Web 运行的基石。在后续的发展中，利用 HTML、公共网关接口（common gateway interface，CGI）等 Web 技术可以轻松地在互联网环境下实现电子商务、电子政务，以及行业信息化和企业信息化等多种应用系统。

随着 Web 技术和运行理念的发展，微软、IBM、SUN 等公司参与提出和起草了一种新的利用网络进行应用集成软件的标准，即 Web 服务（Web Service），并由 W3C（The World Wide Web Consortium）发布。Web Service 是一个平台独立、低耦合、自包含的 Web 应用程序，可使用开放的扩展标记语言（eXtensible markup language，XML）标准来描述、发布、发现、协调和配置这些应用程序。Web Service 是构造分布式模块化应用程序和面向服务应用集成系统的技术，在开发和构造分布式应用系统时，一旦部署 Web Service 应用程序，其他的 Web Service 可以发现并调用它。可以这样说：互联网让全世界各地的计算机互联并能够进行通信，而 Web Service 则是让全世界各地的计算机能够实现信息的共享。而正是 Web Service 技术的发明，才使得互联网的应用爆炸式增长。

在互联网诞生之初，主要是实现计算机网络的互联，整体目标围绕着建立主机间的通信连接。之后由于 Web 和 Web Service 等技术的出现，互联网各类应用逐步推进，网络规模逐步扩大。业界基于互联网发展和推进过程中的问题总结，逐步形成了一些有共识的原则，其中最主要的原则有两条：其一是端到端原则，即互联网的复杂性属于边缘，互联网内部应保持尽可能的简单；其二是分层解耦原则，即互联网各层间应该尽可能的解耦，网络层（IP 层）应当与其下面的链路层和物理层，以及与上面的应用层解耦，不要多层出现功能重复。

基于端到端和分层解耦原则的网络架构将互联网分为两部分，即业务网和承载网，如图 1-6 所示，并使得业务网可以脱离承载网而独立发展。

| 业务和应用（业务网） |
| 传输与组网（承载网） |

图 1-6 互联网架构与组成

互联网的业务网就是互联网支持的各类应用系统构成的网络（包括电子商务、电子政务和公众服务，以及部分行业信息化和企业信息化等应用系统构成的网络），是互联网发展最活跃的部分，也是互联网发展的主要动力，50 年来其变化从来没有停止过。特别是 Web Service 技术的出现，催生了许多业务和应用，新业务的开发和部署只需要在服务端和终端通过软件升级的方式进行，可以快速迭代，多样化、个性化的新业务层出不穷，从 Web1.0、Web2.0 到 Web3.0，新的业务模式快速更新换代（例如，腾讯的微信和 QQ、京东的京东商城和京东快递、阿里巴巴的淘宝和天猫等），而无须修改承载网内部众多的网元，也无须制定复杂的互联互通标准。互联网的承载网部分，主要完成信息传送的通信功能，其核心技术50 年来虽然经过不断修订，但核心的 TCP/IP 等技术体制基本保持不变。也正是承载网的网络层尽量简单，有利于它跨越不同类型的底层链路和传输介质，实现全球互联的目标。

2. **互联网的服务化概念**

业界目前把按照以上两个主要原则设计出来的互联网称为"消费互联网"，其存在的最大问题就是业务网和承载网处于相对割裂的状态。端到端原则隔离了两端和网络，使得终端和服务端无法感知网络的状况；分层解耦原则隔离了应用层和网络层，使得上层应用也无法向承载网络传送个性化的需求，最终绝大多数业务只能按照"尽力而为"的模式运行。此外，网络安全也是这种"消费互联网"存在问题之一。

随着互联网业务向纵深推进，尤其是产业互联网（工业互联网、车联网等新兴业务网）的发展，对其提出了高可靠、低时延、高安全、移动性等需求。然而，业务网和承载网的割裂状态越来越不能满足新业务的需求。例如，对于传输质量有要求的业务网，希望承载网能够提供确定性的传输能力，即带宽、丢包率、时延都是可以预期的，而不仅是"尽力而为"；还有的业务网希望能够感知承载网的状态，如链路利用率、丢包率、缓存队列等，以便调整自身业务网信息的传输窗口，保持最优的信息传输效率；那些对安全性有高要求的垂直行业，希望网络不仅提供传输功能，而且提供"有安全保障"的传输，即保持信息传送的完整、可靠、不被非授权的访问，而且网络要能够让相互信任的用户之间无障碍的连接，相互不信任的用户之间高度受限，这就需要网络具备内生安全的能力。

　　在信息与通信技术高速发展的时代，互联网要发展、要进步、要不断满足社会发展的新需要。为此，又引入了"服务化网络"的理念，并在两个方面着力。一方面需要网络自身基础服务能力的提升，包括信息精准传送服务能力、内生安全服务能力、算力网络服务能力、移动性服务能力等；另一方面，需要在网络架构和协议方面，增加"服务"层，建立业务网和承载之间的桥梁，使得承载网层面的新能力、新技术等能够很好地被业务网使用，实现业务网和承载网的协同发展。互联网服务化架构与组成如图 1-7 所示。

业务和应用（业务网）							
尽力而为服务	确定性服务	网络安全服务	网络管理服务	连续移动服务	多媒体服务	多媒体服务	计算服务
传输与组网（承载网）							

图 1-7　互联网服务化架构与组成

　　综上所述，互联网要满足各类应用业务的需求，一方面需要网络自身基础能力的提升，增加通信服务；另一方面，也需要在网络架构和协议方面，通过通信服务层建立业务网和承载网之间的桥梁，使得网络层面的新能力、新技术等很好地被业务网使用，实现业务网和承载网的协同有效。

1.5.1.3　下一代网络（NGN）中的服务概念

进入 21 世纪以来，电信网的发展进入了下一代网络（next generation network，NGN）阶段。NGN 是国际电信联盟电信标准化部门（ITU-T）在 2000 年左右提出的概念，它是在分析研究电话网、综合业务数字网（ISDN）和互联网等如何演进发展的基础上提出的。ITU-T 在 Y.2001 建议 "NGN 概述（general overview of NGN）" 中给出了 NGN 的定义： "NGN 是一种基于分组的网络，能够利用多种带宽和具有 QoS 保障能力的信息传送技术，为用户提供包括电信业务在内的多种服务，其中与服务相关的功能独立于底层的传输技术。它允许用户对不同服务提供商网络的自由地接入，支持广义移动性，并向用户提供一致且无处不在的服务。"

基于以上的定义，ITU-T Y.2012 建议 "NGN 的功能要求和架构（functional requirements and architecture of the NGN）" 中给出了 NGN 的功能架构模型，其内容涉及功能实体定义和功能参考点定义等方面。更进一步，在 ITU-T Y.2020 建议中给出了关于服务的功能定义，如图 1-8 所示。

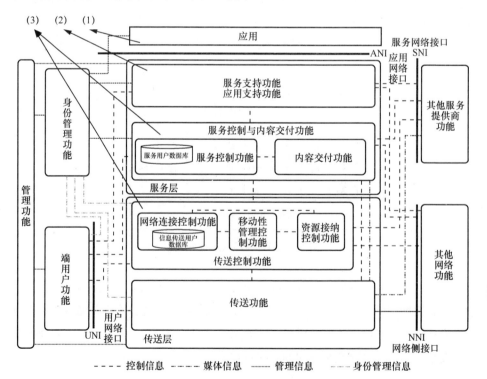

图 1-8　ITU-T Y.2020 建议中关于服务的功能定义

在功能实体方面，该架构模型分为两层，每层又进一步细分为若干子层。NGN 的传送层为用户提供信息传送的功能，以及网络传送资源的控制和管理功能，这些被传送的信息可以是用户的话音、数据或者视频等媒体信息，也可以是控制信息和管理信息。传送层功能实体由两个子层来实现，传送功能子层完成用户媒体信息的传送；传送控制功能子层接收、处理和发送控制、管理信息，完成网络连接控制、移动性管理和资源接纳控制等功能。NGN 的服务层为用户提供通信服务相关的功能，支持快速灵活的新业务生成能力。服务层功能由两个子层来实现，下面的子层主要完成服务控制与内容交付控制功能，其中，服务控制功能用于提供基于会话类的通信业务，例如 IP 电话、电视会议、话音和视频聊天等；内容交付控制功能用于提供非会话类的通信业务，例如媒体流信息的分发和广播等业务。此外，服务控制功能还支持 PSTN/ISDN 仿真业务。上面的子层主要完成服务支持和应用支持功能，主要包括：服务/应用代理、服务目录、服务路由和服务负载均衡等功能。

在功能参考点接口方面，终端用户功能通过用户网络接口（user network interface，UNI）连接到 NGN；而其他网络则通过网络侧接口（network to network interface，NNI）与 NGN 互相连接；NGN 通过服务网络接口（service network interface，SNI）与其他服务提供商的系统互相连接，为 NGN 的用户提供更加丰富的服务；NGN 通过应用网络接口（application network interface，ANI）与应用系统互相连接，能够为各行业的应用系统提供其所需的 NGN 服务。

NGN 在为用户提供话音、数据、视频和多媒体通信等多种电信级别业务的同时，具有支持快速灵活的新业务生成能力（通信服务能力），能够支持多种行业应用的定制化、交互型和共享型信息应用和服务，例如电子商务、电子政务、远程教育、远程医疗、智能制造和智慧农业等。关于 NGN 的服务，ITU-T Y.2020 建议 "NGN 开放服务环境功能架构（open service environment functional architecture for NGN）" 中给出的描述是，它由 3 部分功能实体提供，如图 1-8 所示。

（1）应用功能实体，提供一种能力集合，这种能力集合允许各类应用系统（或者程序）利用 NGN 功能和应用网络接口（ANI）提供的服务，快速为各类用户提供增值业务。无论底层网络和/或设备的类型如何，应用提供商或开发人员都能够通过 ANI 的标准接口快速灵活地创建和提供新的应用服务。

（2）NGN 服务层中的 "应用与服务支持功能" 实体，它提供服务开放环境（open service environment，OSE）相关能力，包括：服务策略执行（service policy enforcement，

SPE）、服务注册（service registration，SR）、服务发现（service discovery，SD）、服务组合（service composition，SCM）、服务协调（service coordination，SCR）、服务交换（service switching，SS）、服务管理（service management，SM）等功能实体，支持快速和灵活的新业务开发与生成。

（3）NGN 传送层中的"传送控制功能"实体，它提供 NGN 传送资源管理与控制能力，包括传送层资源管理与控制，以及网络状态呈现、用户位置信息、网络计费功能、安全防护等能力，能够按需调用底层 NGN 基础设施的资源，为 NGN 服务能力提供支持。

1.5.1.4　移动通信系统的服务化网络架构

移动通信是 20 世纪 90 年代中以来全球电信业得以实现高速增长的关键。移动通信将以家庭和企业为基本单元的电信业务延伸到以每个人为基本单元，极大地扩展了电信业务的范围，成为过去 30 多年来电信业发展的最大动力之一。

1. 蜂窝移动通信系统的发展历程

蜂窝移动通信网由用户终端、接入网（access network，AN）和核心网（core network，CN）组成，能够为用户提供话音、数据、视频图像等业务。其中，接入网主要由基站子系统（包括基站和基站控制器等）组成，为了有效地利用有限的频谱资源，接入网中基站的覆盖按照形状类似蜂窝的小区来布设；蜂窝移动通信网的核心网由信息交换、组网控制和移动性管理等子系统组成，并通过它与固定网络互连。蜂窝移动通信系统组成如图 1-9 所示。

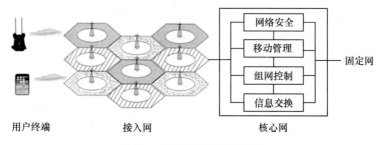

图 1-9　蜂窝移动通信系统组成

1983 年，第一代蜂窝移动通信系统（1G）商用，用户终端和接入网之间的空中接口采用模拟信号技术体制，多址方式为频分多址（FDMA），其核心网采用电路交换（CS）技术。1G 系统能够为用户提供单一的话音通话服务。

20 世纪 90 年代初，第二代移动通信系统（2G）商用，用户终端和接入网之间的空中接口采用了数字信号技术体制，多址方式采用了时分多址（TDMA）和窄带码分多址（CDMA），2G 核心网同样采用了电路交换技术。2G 系统可以提供更丰富的业务，并且在保密性、频谱利用效率方面都有显著的提升，推动了移动通信系统的全球普及。

第三代移动通信系统（3G）于 2000 年发布商用。用户终端和接入网之间的空中接口采用了全新的码分多址接入方式，完善了对移动数据和多媒体业务的支持。此时 3G 的核心网分为了电路交换域和分组交换（PS）域两部分，其中，增加的分组交换域用于支持移动互联网业务。至此，高数据速率和大带宽成为移动通信系统演进的重要指标。

第四代移动通信系统（4G）于 2010 年开始商用，其无线传输技术获得了进一步的突破。用户终端和接入网之间的空中接口应用了基于正交频分复用（OFDM）和多输入多输出（MIMO）等关键技术，网络容量、蜂窝边缘性能、系统时延等性能指标都得到了很大的改善，频谱效率和支撑带宽能力进一步提升；此时，4G 的核心网去掉了电路交换域，只保留了分组交换域，实现了全 IP 化，成为了移动互联网的基础支撑，主要提供数据业务，其数据传输的上行速率可达 20Mbit/s，下行速率高达 100Mbit/s，基本能够满足移动互联网业务的需求，实现了移动通信系统提供互联网业务的期望。

2020 年是第五代移动通信系统（5G）商用的元年。根据用户需求其应用逐渐渗透到垂直行业，除了传统的增强型移动宽带（enhance mobile broadband，eMBB）场景之外，将其应用延拓至了大连接物联网（massive machine-type communication，mMTC）场景和超可靠低时延通信（ultra-reliable and low-latency communication，URLLC）场景。5G 的用户终端和接入网之间的空中接口应用了基于大规模多入多出（massive MIMO）、毫米波（millimeter wave）传输、多连接（multiple connectivity，MC）等技术，加之其核心网采用了服务化架构、软件定义网络（SDN）和网络功能虚拟化（NFV）等技术，5G 实现了峰值速率、用户体验数据速率、频谱效率、移动性管理、时延、连接数密度、网络能效、区域业务容量性能的全方位提升。

纵观上述演进历程，满足用户的通信需求是每代移动通信系统演进的首要目标，而新的通信技术则是每代系统演进的驱动力。发展至今的移动通信系统已经与互联网密不可分，实现了完全融合。因此，今天的移动通信系统，不仅支持人与人之间的通信，更是一张可以让移动着的网民获取知识、搜索信息、进行社交、开展商务活动的信息网络。

2. 蜂窝移动通信系统核心网服务化架构

在移动通信系统不断演进过程中，为了提升设备性能，降低成本，其核心网的架构也在不断变化：1G/2G 的核心网由单一的电路交换域构成，仅支持话音和低速的窄带数据业务；3G 的核心网包含电路交换域和分组交换域，同时提供话音和分组数据业务；4G/5G 的核心网仅有分组交换域，实现了全 IP 化。在此过程中，用户数的增长，以及话音、短信、数据等业务的增长，为运营商带来了收益的快速增长。

传统 2G/3G/4G 的核心网采用专用设备。其底层设备平台仅支持同厂商纵向扩展，无法实现异厂商的横向资源共享，不利于灵活部署，其网络架构主要满足话音和传统的移动宽带（MBB）等业务，随着用户新业务需求的增长，传统核心网架构已被证明不够灵活，无法支持多元化的 5G 应用场景与服务需求。

其一，5G 移动通信系统的目标是实现万物互联，支持丰富的移动互联网业务和物联网业务，在其设计和建设过程中体现了以用户为中心的理念。而用户体验的提高依赖于用户需求与网络服务能力的高度匹配。因此，要求 5G 是一个开放的网络，能够更大程度地实现网络服务能力的开放，使得网络和应用实现更紧密的互动、更深度的信息共享。一方面，应用能够基于网络的资源状况（基础设施、管道能力、网络服务、网络数据）为用户提供更优质的服务；另一方面，网络也能够基于应用层的用户信息（业务特征、用户状态）和需求（要求网络提供的业务类型、QoS 保障和安全等级等），进行网络资源的定制和优化调度，从而共同提高用户体验，实现用户、网络和应用的三方共赢。

其二，5G 移动通信系统在为用户提供优质的移动通信业务同时，运营商则更加关注移动通信网的盈利能力。但是受人口红利见顶、提速降费等因素的影响，运营商的传统经营收入增长乏力。而收入增长取决于现有付费业务的使用量增加或新业务的推出。因此，为了支持业务的快速创新、快速上线和按需部署，5G 网络也需要一种开放网络架构，通过架构开放支持不断扩充网络能力，通过接口开放支持快速提供新业务。

5G 移动通信系统服务化架构（service based architecture，SBA）正是在以上兼

顾用户和运营商利益的背景下诞生的。它借鉴了 IT 领域"服务化"和"微服务"架构的理念，按照"自包含、可重用、独立管理"三原则，将 3G/4G 核心网中的网元按照功能拆分为多个相对独立可被灵活调用的服务化网络功能（network function，NF）模块（也称服务模块），5G 核心网服务化架构如图 1-10 所示。

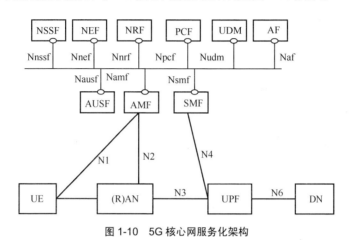

图 1-10　5G 核心网服务化架构

核心网的每个"服务模块"均以微服务方式实现，并且可以独立扩展、独立演进、按需部署，而且其中所有"服务模块"之间的交互采用通用化的轻量高效服务调用接口，降低了"服务模块"之间接口的耦合度，任意一种"服务模块"可以被多种其他的"服务模块"调用，最终实现整网功能的按需定制，灵活支持不同的业务应用场景和需求。其中，各网络功能模块的主要功能如下。

用户终端（user equipment，UE）：主要完成接入网络和向用户提供业务的功能。

无线电接入网络（radio access network，RAN）：主要完成无线信道资源管理的相关功能，例如，无线信道承载控制、接入控制、连接与移动性管理控制，上行链路和下行链路中 UE 的动态资源分配（调度）等。

用户面功能（user plane function，UPF）：主要完成用户面的数据包路由建立与数据包转发功能，包括用户数据包的路由和转发、与外部数据网络的数据交互、用户平面的 QoS 处理、流控规则实施（例如，门控、重定向、流量转向）等。

数据网络（data network，DN）：如运营商业务、互联网接入或者第三方业务等。

鉴权服务功能（authentication server function，AUSF）：主要完成网络的鉴权服务功能，支持授权用户的身份验证和访问控制，例如，接收接入及移动性管理功能（access and mobility management function，AMF）对 UE 进行身份验证的请求，通过向 UDM 请求密钥，再将 UDM 下发的密钥转发给 AMF 进行鉴权处理。

接入及移动性管理功能（AMF）：主要完成用户的接入控制与移动性管理功能。AMF 接收 UE 的请求并处理所有与连接和移动性管理有关的任务（例如，漫游、鉴权等）。

会话管理功能（session management function，SMF）：主要完成用户业务会话（session）的建立、修改、释放等功能，例如，UPF 和 AN 节点之间的隧道维护、UE IP 地址分配和管理、选择和控制 UPF、计费数据收集和计费接口支持等。

网络切片选择功能（network slice selection function，NSSF）：主要完成网络切片的识别和选择控制功能，包括网络切片的识别、标识管理与实例集成控制等。

网络业务呈现功能（network exposure function，NEF）：主要完成网络能力的呈现和开放功能，位于核心网和外部第三方应用功能体之间（可能也有部分内部应用层功能（application function，AF））负责管理对外开放的网络数据。

网络存储库功能（network repository function，NRF）：主要完成 NF 服务和运行数据的存储功能，支持 NF 服务的发现和访问。例如，进行 NF 服务登记、管理和状态检测，实现所有 NF 服务的自动化管理，每个 NF 服务启动时，必须到 NRF 进行注册登记才能提供服务，登记信息包括 NF 类型、地址、服务列表等。

策略控制功能（policy control function，PCF）：主要完成网络策略规则的生成与控制功能，支持统一的策略框架并管理网络行为。提供策略规则给其他网络功能服务实施执行。

统一数据管理（unified data management，UDM）功能：主要完成 5G 网络运行数据的统一管理功能，负责用户标识、签约数据、鉴权数据的管理等。

应用层功能（AF）：主要完成应用服务的提供功能，类似于一个应用服务器，它可以针对不同的应用服务而存在，可以由运营商或可信的第三方拥有。

1.5.2　对天地一体化信息网络通信服务的认识

1. 对电信网通信服务的认识

参考开放系统互连（open system interconnection，OSI）模型，对于功能分层的电信网，任何相邻两层之间网络功能实体的关系如图 1-11 所示，下层的网络功能实体作为服务的提供者为上层的网络功能实体提供服务，图中的协议是"水平的"，协议是控制同层对等网络功能实体之间通信的规则，服务是"垂直的"，服务是由下层网络功能实体向上层网络功能实体提供的能力，但并非一个层内完成的全部功能都会成为服务，只有那些能够被高一层网络功能实体看得见的功能才能称为"服务"。

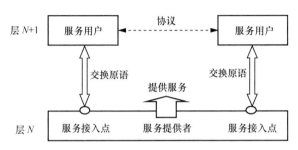

图 1-11　电信网功能实体之间的关系

　　在协议的控制下，通过同层两个对等网络功能实体之间的通信与信息交互，使得本层能够向上一层提供服务。要实现本层的服务，还需要使用下一层网络功能实体所提供的服务。本层网络功能实体（下一层的服务用户）只能看到下一层提供的服务能力而无法看到下一层的网络协议，下一层的网络协议对上层的服务用户是透明的。高层网络功能实体只需要关注低层网络功能实体提供服务的功能、性能及其满意度，并不需要知道低层网络功能实体之间的协议与复杂的信息交互过程。因此，低层网络功能实体向上层网络功能实体提供服务能力的同时，需要能够屏蔽与抽象其复杂的技术特征，并为高层网络功能实体提供统一的服务能力开放接口。

　　通过对电信网中通信服务的分析可以得出如下结论：电信网服务是在原有网络信息传送能力基础上，通过增加具有计算、存储和信息处理功能的智能化网络功能实体，这些网络功能实体构成了电信网的"通信服务层"，如图 1-12 所示，它位于电信网的承载网（信息传送层）和应用网（行业应用层）之间，使得电信网增加了能够灵活快速生成与提供新业务（如信息分发、多媒体通信等）的服务能力，以及将原来网络功能服务化后的（如网络管理、接入控制等）服务能力。本书中，我们把电信网新增的这两类相关的能力称为"通信服务"。

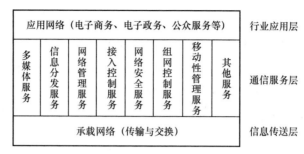

图 1-12　电信网的通信服务

本书对电信网通信服务概念理解可以归纳为以下两点。

（1）通信服务具备对低层信息传送网络抽象/虚拟化能力

随着现代电信网技术发展和能力的不断提升，网络的协议体系和技术变得越来越复杂。因此，作为应用与服务的开发人员，需要掌握和具备各种网络的专业知识，了解电信网的实现技术，并熟悉各种通信协议，从而增加了应用与服务开发的难度。因此，迫切需要对电信网各层的能力进行高度抽象，彻底屏蔽网络的技术复杂性，使得上层应用开发与电信网服务的实现技术无关，并能够充分利用电信网提供的丰富资源，以一种统一的方式灵活、高效地提供网络服务。

（2）通信服务具备对向上层应用网络开放服务接口及服务化封装能力

随着电信网能力的进一步对外开放，上层应用对电信网能力的访问将变得更加方便和高效，但随之而来的是如何安全有效地控制上层应用对电信网能力的访问和操作过程，这就要求服务支撑系统能够提供一个集中的、一致的、开放的访问、控制和管理机制，以便对电信网的访问、控制和管理。

2. 对天地一体化信息网络通信服务的认识

通过上述分析，本书对于天地一体化信息网络通信服务的定义为：通信服务是天地一体化信息网络中与通信业务相关的一种网络能力。一方面，它能够使得网络灵活快速地生成满足用户新需求的新业务，并提供定制化的信息分发业务，即"通用业务服务"；另一方面，通信服务能够实现对低层网络能力的抽象、虚拟化和服务化封装，形成"网络基础服务"，例如，组网控制、接入控制和网络管理服务等。同时，天地一体化信息网络的通信服务还具备向高层应用（服务）系统提供开放访问接口的能力。

由第 1.1 节的内容所述，天地一体化信息网络是一种在物理空间上涵盖陆地（含海面）、空中和天基节点的电信网，特别是其包含天基网络节点的特殊性，使之具有异构网络互联、拓扑动态变化、传输高时延、时延大方差、网络节点暴露、信道开放及天基卫星节点处理能力受限等特点，本书将在充分考虑天地一体化信息网络特点的基础上，分析和研究其"通信服务"技术的内容，包括通信服务架构、服务基础设施、组网控制服务、接入控制服务、会话控制服务等。

┃ 参考文献 ┃

[1] 吴巍. 天地一体化信息网络发展综述[J]. 天地一体化信息网络, 2020, 1(1): 11-26.

[2] 张乃通, 赵康健, 刘功亮. 对建设我国"天地一体化信息网络"的思考[J]. 中国电子科学研究院学报, 2015, 10(3): 223-230.

[3] 吴巍, 骆连合, 吴渭. 电信网络服务技术[M]. 北京: 国防工业出版社, 2005.

[4] 杨放春, 孙其博. 智能网技术及其发展 (修订版)[M]. 北京: 北京邮电大学出版社, 2002.

[5] 蒋林涛, 聂秀英, 张杰. 互联网的设计理念与网络 5.0 技术[J]. 电信科学, 2021, 37 (10): 24-30.

[6] 黄兵, 谭斌, 罗鉴, 等. 面向业务和网络协同的未来 IP 网络架构演进[J]. 电信科学, 2021, 37(10): 39-46.

[7] ITU-T. General overview of NGN: ITU-T Recommendation Y.2001[S]. 2004.

[8] ITU-T. Functional requirements and architecture of the NGN: ITU-T Recommendation Y.2012[S]. 2010.

[9] ITU-T. Open service environment functional architecture for NGN: ITU-T Recommendation Y.2020[S]. 2011.

[10] 李海民, 何珂. 持续演进的 5G 服务化网络架构[J]. 邮电设计技术, 2018(11): 29-34.

[11] ISO/IEC. Information technology-open systems interconnection-basic reference model: the basic model: ISO/IEC 7498-1: 1994[S]. 1984.

[12] 李银胜. 面向服务架构与应用[M]. 北京: 清华大学出版社, 2008.

第 2 章

天地一体化信息网络通信服务架构

　　本章首先简要介绍天地一体化信息网络服务化设计理念，分析其对通信服务的设计需求，并在此基础上重点介绍天地一体化信息网络的通信服务架构，详细讨论通信服务的运行机理、分层架构和功能组成。其次深入探讨通信服务的部署方式，重点从负载均衡的角度分析几种典型服务部署方式及其优缺点，给出适用于天地一体化信息网络的应用开发方式。

| 2.1 设计需求分析 |

从第 1 章的电信网通信服务技术演进历程可以看出，通信服务的演进贯穿电信网的整个演化发展过程，其自身技术的革新往往伴随着每次电信网的重大变革。随着通信、网络、计算等信息技术的迅猛发展和广泛应用，天地一体化信息网络已不仅是连接节点的手段和途径，还是信息聚合的重要载体和平台，是构建全球信息体系的重要基石。从网络设计理念的角度看，天地一体化信息网络需要从传统通信网络的"哑管道"向未来面向服务的全球信息网络发展，从提供尽力而为服务，向未来提供确保传输服务和按需云服务的方向发展，并从传统协议分层架构向广义计算架构转变。天地一体化信息网络架构理念的转变如图 2-1 所示。

在设计天地一体化信息网络通信服务时，要转变理念，基于广义计算架构，具体的：基于可编程、可重构的物理网络，可实现网络功能的软件化和服务化，提供更多更便捷的网络功能；采用资源虚拟化技术，实现网络资源的细粒度按需使用，可以更高效地组织天地网络资源，进一步提升网络资源的利用率；提供灵活的通信服务能力，以服务的形式向用户交付网络，满足各种上层应用系统和用户要求的网络使用方式；以及增强网络的计算和存储能力，提供泛在的计算服务支持，适应移动性应用与用户。

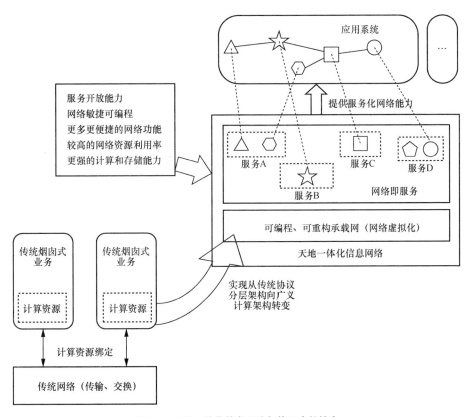

图 2-1　天地一体化信息网络架构理念的转变

此外，天地一体化信息网络实现了天基网络与地面网络、电信网与互联网的融合，服务功能复杂性的增加、IT 技术的创新发展，以及服务提供方式的转变等都对天地一体化信息网络通信服务系统的设计提出新的要求。驱动天地一体化信息网络通信服务系统演进的因素如图 2-2 所示。

1．服务功能复杂性难题

现有的各类通信网络（包括固定电话网、移动通信网、互联网以及广播电视网等）格局纵向独立，各自具有特定的网络资源管理方式，提供了特定的业务功能和通信服务。这种网络格局和运营模式已逐渐显露出其固有的弊端：协议复杂、网络管理和维护成本较高，不利于网络资源尤其是传输资源的共享；不便于跨网络多功能综合服务的提供，难以满足用户"灵活地获取所需信息"的需求。这使得在构建天地一体化信息网络时，需要寻求一种能够承载多种服务，更灵活、开放、安全、可靠和易于维护的新型服务架构。

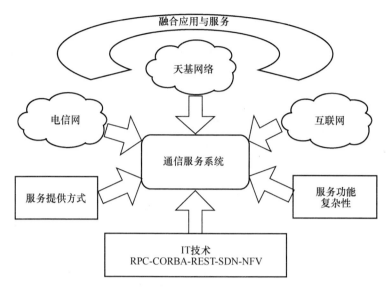

图 2-2　驱动天地一体化信息网络通信服务系统演进的因素

2. IT 技术发展必然趋势

近 10 年来，随着 IT 技术的不断创新和发展，通信网络中的服务系统也随之发生巨大变化。最初的各种通信网络，分别面向不同的应用环境（如电话网、公用数据分组交换网等），因其技术差异巨大，需要针对每一种通信网络提供专门的服务系统（包括 ANI 和 SDK）。其导致的结果就是，各种通信网络之上的服务系统各不相同，既增加了应用开发者的难度（需要掌握多种平台技术），又不利于技术的推广，形成统一的标准。SDN 和 NFV 技术的不断成熟，以及天地一体化信息网络这种融合网络的出现，使得提供一种统一和标准化的服务系统，并使其独立于底层网络技术成为了可能。

3. 服务提供方式的必然结果

现有的单体式服务提供方式不再适用于天地一体化信息网络，源自 IT 业界的微服务架构则是一种更易复用、更灵活的服务提供方式，其具有开放性、自治性、自描述性、松耦合和实现无关性等优点。随着微服务和云计算技术的出现和成熟，微服务化方法逐渐取代面向对象方法和 SOA 方法，成为未来应用软件开发的主流思想和方法。在天地一体化信息网络上，采用 REST Web Services 和容器技术开发通信服务，把现有的通信服务从单体方式转变为云化方式，已是未来的必然结果，这也对天地一体化信息网络通信服务系统的设计和实现提出了新的要求。

此外，从应用程序开发的角度看，对天地一体化信息网络通信服务系统提出以下需求。

1. 基于微服务的应用开发方式

未来天地一体化信息网络的应用开发将采用微服务架构，通过服务总线把各种服务组件快速集成起来，以更低的成本、更快的速度、更简单的方法开发各种新的应用，以更好地满足天地一体化信息网络的各种应用需求。这就要求通信服务系统能够提供面向微服务的开发环境和服务基础设施，如服务发现、服务注册、服务查询、服务总线等功能。

2. 统一的服务系统

目前，各类通信网络分别具有自己的通信服务平台，支持自己特有的应用与服务开发方式，这些服务开发平台之间差别巨大，其结果就是在一种网络上开发的应用和服务不能够被直接移植到另一种网络上运行。为此，对服务系统的一个新要求就是能够在各种通信网络之上提供统一的服务系统，并开放标准统一的 ANI 和 SDK，使得在其上开发的应用可运行于异构网络。

3. 屏蔽底层网络的实现细节

随着天地一体化信息网络出现，通信网络的体系和技术将变得更加复杂。因此，作为应用程序开发人员，需要掌握和具备各种网络的专业知识，了解底层网络的实现技术，并熟悉各种私有的通信协议，从而增加了开发应用的难度。因此，迫切需要对天地一体化信息网络的能力进行高度抽象，屏蔽底层网络的复杂性，使得上层应用与底层的异构网络技术无关。充分利用下层网络提供的丰富资源，以一种统一的方式灵活、高效地提供服务。

4. 对底层网络的可管可控能力

随着天地一体化信息网络能力的开放，上层应用对底层网络能力的访问将变得更加方便和高效，但随之而来的是如何安全有效地控制上层应用对底层网络的访问和操作过程，这就要求通信服务系统能够提供一个集中的、一致的控制和管理机制，以便于对底层网络进行控制和管理。

综上所述，天地一体化信息网络迫切需要研究面向融合网络的通信服务系统。在微服务架构思想指导下，实现天地一体化信息网络能力的抽象与封装，向上层应用开放底层网络能力的服务访问接口，屏蔽底层网络的实现细节，解决电信网和互联网编程方式的差异，降低应用开发者的技术难度，最终能够以更简单的方式提供功能更强大的融合类应用与服务。

|2.2 通信服务模型 |

通信服务模型是研究天地一体化信息网络通信服务系统的前提条件，只有正确和清晰地确立了通信服务模型，才能设计出高效的通信服务系统。为此，本节将结合第 1 章传统电信网、智能网和 5G 网络的服务控制模型和架构，提出面向天地一体化信息网络的通信服务模型，为后面的通信服务架构设计奠定技术基础。

在研究天地一体化信息网络的通信服务模型之前，我们首先给出通用网络的一个抽象模型。所谓通用网络的抽象模型，是指对现如今的任何一种通信网络，该模型都适用。即任何一种通信网络，无论它所采用的是何种技术体制和协议，其通常都可在逻辑上被抽象为 5 个部分：用户层、接入网、核心网、服务层和应用层。通用网络抽象模型如图 2-3 所示。

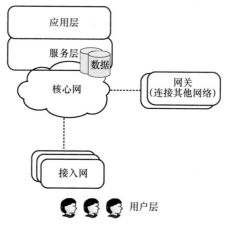

图 2-3 通用网络抽象模型

其中，用户层包括各种终端，用户使用这些终端通过传输网络与各类服务和应用进行信息交互，获取用户想要的信息，最终达到用户使用网络的目的；接入网采用各类接入技术（如光纤、4G/5G 等）与核心网互联，把网络用户连接到核心网中；核心网由各类交换设备（如交换机、路由器等）宽带互联而成，能够把相距较远的接入网连接在一起，形成广域覆盖的网络，其具有强大的数据交换和宽带传输能力；服务层包括各种服务逻辑和用户数据，服务逻辑实际控制着服务的具体执行过程，并提供各种服务功能；应用层包括各种面向特定场景的应用系统，如全球移动、抢险救灾、海事综合应用等，是最终向用户提供信息和内容的软件系统。

在此基础上，提出天地一体化信息网络通信服务模型，如图 2-4 所示。最下层为天地一体化承载网络，包括天基网络、移动通信网、互联网等异构网系，由各种传输设备、网络设备、网关设备等组成。中间是通信服务层，包含各种服务和组件，如传输控制功能、会话控制功能和用户数据库等，是对底层网络，以及网络设备的各种功能的抽象，以中间件形式增强了网络功能的可重用性，不同的应用可以共享鉴权、管理等服务功能，并提供服务注册与发布、服务发现、服务总线等服务基础设施，能够加快各类应用和服务系统的开发与部署速度。最上层是应用系统，通过服务接口访问底层网络，独立于底层网络，不需要关注电信网和互联网编程方式的差异，能够以简单的方式提供功能更强大的融合类应用。

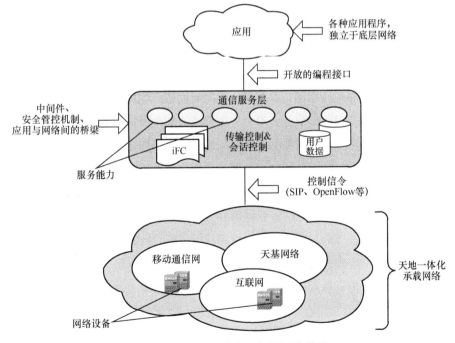

图 2-4　天地一体化信息网络通信服务模型

通信服务系统在本质上是一个分布式操作系统或软件中间件，运行在各种异构网络（天基网络、移动通信网等）之上，能够向上层应用提供同构的抽象网络。通信服务系统作为连接应用与天地一体化承载网络的桥梁，负责管理与控制上层应用对底层网络的安全访问过程。通信服务系统通过开放的编程接口把能力开放给上层应用，支持应用系统的独立性；与天地一体化承载网络之间采用 SIP、OpenFlow 等协议，支持底层网络的异构性。

通信服务系统提供两大类服务：一类是基础网络服务，是对底层网络能力（如路径计算、用户接入等）的抽象与封装；另一类是通用业务服务，是对基本通信功能（如话音、视频、消息等）的抽象与封装。

|2.3 通信服务架构 |

通信服务是天地一体化信息网络的核心，本节从通信服务的运行机理、分层架构和功能组成等方面深入分析通信服务架构。

2.3.1 运行机理

天地一体化信息网络通信服务的运行机理如图 2-5 所示，其主要是基于云计算和网络功能虚拟化理念，结合互联网开放共享的思想，采用软件与硬件解耦、网络与业务解耦等方式，以服务化方式组织天地一体化信息网络的能力。

星地协同操作环境由分散于天地一体化信息网络中的多个云（边）服务节点组成，包括位于地面网络的大规模云计算基础设施和位于卫星上的边缘服务节点，地面云计算基础设施为通信服务提供主要的算力，卫星上的计算资源受限，只能运行轻量级的边缘计算软件，为通信服务提供星上数据本地处理能力。地面云计算基础设施间，以及地面云计算基础设施间与星载计算资源间，形成逻辑统一的星地协同操作环境，以分布协作方式保持数据同步，维护管理虚拟资源，并基于轻量级同步协议，为天地一体化信息网络通信服务提供满足高可靠要求的运行环境，按需提供虚拟机或容器。星地协同操作环境能够屏蔽天地一体化信息网络的广域分布、高时延等特性，解决了计算存储资源的物理分散和泛在访问等问题，让通信服务认为自己是在单一服务器上运行。

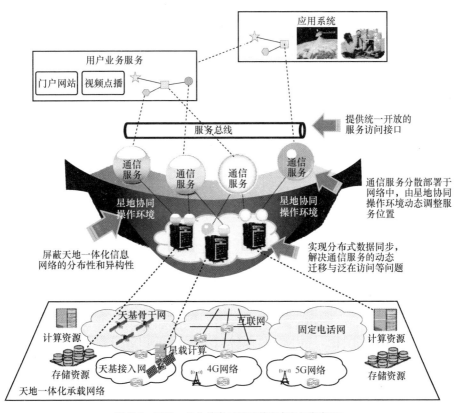

图 2-5　天地一体化信息网络通信服务的运行机理

　　基于星地协同操作环境提供的能力，通信服务可以分散部署于天地一体化信息网络中，以分布协作的方式提供各种网络功能和通信业务能力，由星地协同操作环境结合通信服务的并发访问量、服务节点可用资源、用户位置和网络态势等信息动态调整服务数量和服务位置，实现通信服务在网络中的按需和弹性部署，把服务部署在靠近网络资源和用户的位置。最后，通信服务以统一的标准方式，提供开放服务访问接口，用户可以在此基础上开发自己的服务系统或应用系统，通过服务编排和服务协作方式调用天地一体化信息网络提供的通信服务，完成天地一体化信息网络应用业务逻辑开发。

2.3.2　分层架构

　　目前，各国际标准化组织纷纷提出了自己的开放服务平台标准，但仅从自身角度出发，关注服务平台的某个方面，而忽视其他部分的工作。在天地一体化信息网络通信服务系统设计过程中，借鉴了各标准化组织（如 ITU、3GPP、OMA、Parlay 等）在服务平台方面所取得的成果和经验，并在此基础上对其进行总结和改进，依据天地一体化信息网络自有的特点和目标，以 SDN 和 NFV 思想为指导，结合最新的云计算、边缘计算等技术，提出了基于微服务的天地一体化信息网络通信服务分层架构，如图 2-6 所示。

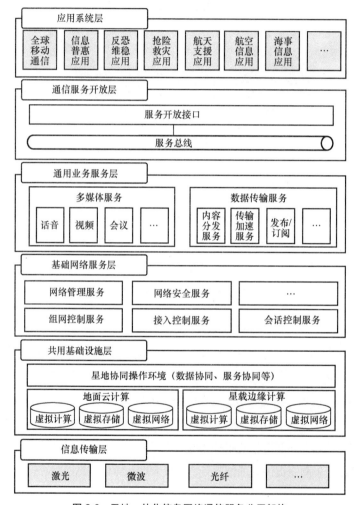

图 2-6　天地一体化信息网络通信服务分层架构

在分层架构中，从下到上依次分为 6 层，分别为信息传输层、共用基础设施层、基础网络服务层、通信业务服务层、通信服务开放层和应用系统层。其中，中间 4 层对应天地一体化信息网络通信服务，下面对各层功能进行简要描述。

1. 信息传输层

提供基本的宽带传输和用户接入能力，传输手段包括激光、微波、光纤、5G 等。信息传输层按功能可划分为核心网和接入网两部分，核心网提供数据承载服务，用户终端通过接入网与核心网互联，可实现对天地一体化信息网络上各种应用的访问。信息传输层按通信手段可划分为三大类网络：一是基于光纤的宽带高速固定网络，如互联网等；二是基于微波、毫米波的无线传输网络，如 5G 接入网等；三是基于激光和微波的天地传输系统，如低轨星座等。

2. 共用基础设施层

利用虚拟化技术，把分散在天基和地面的计算、存储、网络等物理资源封装为虚拟资源，形成虚拟资源池。包括地面云计算设施、星载边缘计算系统和星地协同操作环境等，可为天地一体化信息网络通信服务运行提供分布式的星地资源协同与共享环境。该层基于最新的 IT 技术构建，包括云计算、边缘计算、网云融合等技术，采取云边一体设计，解决底层计算、存储资源在物理上的分散部署问题，让通信服务看起来就像在一个物理服务器上运行一样，具体由星地协同操作环境负责协调调度地面和星载计算存储资源，屏蔽计算和存储资源的异构性和异地性，并以虚拟机、容器等方式向通信服务提供运行环境。

3. 基础网络服务层

利用软件定义网络技术和网络功能虚拟化技术，基于控制与转发分离、硬件与软件解耦的思想，以软件方式对各类网络控制功能进行服务化封装，并形成基础网络服务，主要包括：组网控制服务、接入控制服务、会话控制服务、网络管理服务和网络安全服务等。基础网络服务是天地一体化信息网络的核心，是维持网络运行所需的最基本功能。在传统通信网络中，这部分功能由专用网络设备实现，软件功能与硬件功能一体设计，耦合度较深，升级服务往往需要同步升级硬件设备，缺乏灵活性。在天地一体化信息网络中，采用解耦设计，基础网络功能被分解为一个个独立的微服务，可支持网络功能独立升级。

4. 通用业务服务层

建立在基础网络服务层能力集基础上的一组通用功能，经常被许多上层应用和用户使用，其逻辑功能相对独立于通信网络，与低层网络耦合性较低。通常，又可根据技术实现特点进一步将其分为两大类：多媒体服务和数据传输能力。其中，多媒体服务基于基础网络服务层中的会话控制功能，对与会话相关的功能和操作进行恰当的抽象和服务化封装，如话音、视频、会议、群组管理等；数据传输服务感知应用业务传输需求，基于基础网络服务层中组网控制服务、接入控制服务等，灵活运用各种 QoS 策略，为不同类型、不同优先级的应用提供端到端传输能力，提升应用业务的传输效率和网络资源的利用率。

5. 通信服务开放层

用于管理和控制上层应用对各类通信服务的访问，并提供安全控制机制和一致的访问控制接口。以远程访问服务方式向上层应用提供一致的服务访问接口，使上层应用无须知道服务所在位置及所采用的专用协议，就可以访问天地一体化信息网络所提供的各种功能和能力。此外，通信服务开放层还提供对天地一体化信息网络服务的安全访问控制机制，只有经过认证的应用才被允许发现和访问天地一体化信息网络的通信服务功能。

6. 应用系统层

面向天地一体化信息网络的各应用领域（例如，航天支援应用、航空信息应用和海事信息应用以及全球移动通信等），将信息传送、通信服务等功能向各应用领域的用户端进行延伸。应用系统层由各类行业领域的应用软件组成，由相关的组织或个人提供，以 App 的形式放在应用商店中，供天地一体化信息网络的用户下载使用。应用软件面向各类特定的应用场景，基于天地一体化信息网络所提供的通信服务功能，结合各自领域的特点及功能需求，实现具有各自特点的业务逻辑。

天地一体化信息网络通信服务具备"网络感知、分布协同、按需布设、弹性重构"的基本特征。其中，"网络感知"是指通信服务可感知用户的位置和网络特性（如带宽等），用户不需要关注服务的具体位置，由网络自动为用户选择最优服务。"分布协同"是边端服务节点以分布式方式工作，共同为网络中的用户提供云服务。"按需布设"是指通信服务具有动态性和灵活性，可根据应用需要，随时在网络中增加通信服务实例。"弹性重构"是指通信服务具有抗毁性，发生软硬件或网络故障时，可重新动态部署通信服务到其他云边服务节点，维持通信服务的持续运行。

2.3.3 功能组成

通信服务采用网络功能虚拟化、微服务架构设计理念，将天地一体化信息网络功能与网络硬件设备解耦，对网络基础功能和通用业务进行功能抽象，进而进行软件化、服务化实现，同时构建基于容器的服务总线，通信服务在服务总线的统一约束下进行服务协同。通信服务对上通过网络服务开放接口与应用对接，对下与天地一体化承载网络直接交互，实现通信网络资源的统一抽象、统一描述、统一管理和统一调度。

在本书中，将图 2-6 中的基础网络服务层、通用业务服务层和通信服务开放层统称为通信服务，共用基础设施层则为通信服务提供运行环境。通信服务遵循 IT 领域最新的"云-边-端"架构，依托天地一体化承载网络构建，采用"基于网络、面向服务"的设计思路。通信服务功能组成如图 2-7 所示。

1. **基础网络服务层**

基础网络服务层是天地一体化信息网络的核心，为天地一体化信息网络提供组网与管控功能，是天地一体化信息网络运行的基础。基础网络服务层主要包括组网控制、接入控制、移动性管理、会话控制、网络编排、网络管理、网络安全等功能模块，基于软件定义网络技术实现天地一体化信息网络中交换和传输资源的虚拟化，屏蔽底层的异构网络，实现对天地一体化信息网络基础功能的抽象与虚拟化，提供网络软件可编程能力。

（1）分布式网络控制器

分布式网络控制器基于软件定义网络的设计思路，遵循 OpenFlow 等协议标准，提供对天地一体化信息网络各类异构物理资源的细粒度控制能力，可感知和控制网络节点交换资源、传输链路带宽资源等。

（2）组网控制服务

提供路径计算、拓扑管理、流表计算、流量工程等功能，在控制与转发分离的体系下，通过层级式分级控制方式，实现对天地一体化信息网络的路由和路径计算，并能够自动调整业务流量分配，优化网络资源利用率，同时向上层应用提供天地一体化信息网络的编程控制。

（3）接入控制服务

接入控制服务主要功能包括 4 个部分：一是接入适配，实现多种子网的适配接入功能；二是资源分配，实现对接入设备的设备状态和信道参数的实时监视和控制，并通过虚拟化技术实现对无线资源的统一控制；三是子网控制，实现对接入成员/子网的地址管理、移动性管理，以及子网管理和子网用户管理；四是鉴权认证，对各类随遇接入用户进行用户身份认证和鉴权。

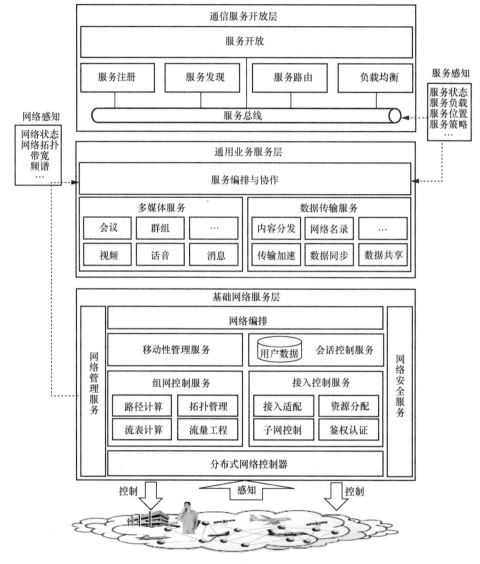

图 2-7　通信服务功能组成

（4）移动性管理服务

围绕用户移动、网络移动和服务移动的目标，采用综合移动控制方式，从多层面联合使用多种技术综合解决天地一体化信息网络中用户的移动性问题，包括链路层移动、网络层移动、传输层移动和应用层移动等。

（5）会话控制服务

基于会话初始协议（SIP），为多媒体服务提供共用的会话交互管理与控制能力，包括呼叫会话控制、会话冲突检测等功能，确保由一个会话所触发的多个应用或服务能够前后连贯地执行。

（6）网络编排服务

在网络资源虚拟化和网络功能虚拟化基础上，通过对网络资源和网络功能的自动化分配和调度，实现从应用（或用户）需求到网络资源的重组过程，从而能够快速生成满足应用（或用户）需求的天地一体化信息网络环境。

（7）网络管理服务

主要包括网络运行监控和设备管理等功能。网络运行监控是指从网络中获取设备、链路和业务等有关信息，通过对这些信息进行必要的处理来了解和掌握整个网络的运行状况；设备管理是指向网络发送指令，改变设备、网络和业务的某些状态，进而控制网络的活动。

（8）网络安全服务

主要包括接入安全、网络安全及安全态势预警等功能，用于保护网络本身的抗毁和遭受攻击时的可用性，实现跨网系业务安全、可靠的信息接入，减少信息越权访问、攻击扩散的风险，并实现天地一体化信息网络威胁态势信息的整编融合与印证，能够对安全威胁进行告警提示，对安全威胁发展趋势进行综合显示。

2. 通用业务服务层

通用业务服务层是建立在基础网络服务层提供的组网与管控能力集基础上的一组功能单一的服务逻辑。通用业务服务层中的服务又可进一步被分为两类：多媒体服务和数据传输服务。其中，多媒体服务基于基础网络服务层中的会话控制功能，并对这些与会话相关的功能和操作进行恰当的抽象和服务化封装，提供各种会话控制类的服务，如会议服务、视频服务、话音服务等；数据传输服务则是那些可直接在天地一体化信息网络上实现、不涉及复杂信令操作、无连接无状态的一些抽象功能集合，如内容分发、网络名录、传输加速等服务。

（1）多媒体服务

整合会议、群组、视频、话音、消息等多种通信方式，实现多媒体业务融合，并把多媒体业务逻辑封装为服务，提供给应用系统使用，提升天地一体化信息网络的协作能力，方便人员的沟通和协作。

（2）数据传输服务

数据传输服务采用网络存储和网络 QoS 控制等技术，实现网络资源与业务需求的智能匹配，为应用或用户提供面向 QoS 的确保传输服务。支持单点到单点、多播、发布/订阅等传输模式，满足不同业务数据的传输需求，实现发送方与接收方的时间、空间以及控制流解耦。

（3）服务编排与协作

包括服务编排与服务协作，定义了组成编排或协作的服务，以及这些服务的执行顺序（比如并行活动、条件分支逻辑等），能够通过服务组合或服务协作方法轻松地把各种通信服务组件组合起来，快速生成一个新的应用。

3. 通信服务开放层

通信服务开放层主要用于管理和控制上层应用对各类通信服务的访问，并提供安全控制机制和一致的访问控制接口。各类通信服务所提供的访问接口可能多种多样，基于各类协议，尤其是复杂的电信协议，通信服务开放层的主要功能就是以远程服务访问的方式向上层提供一致的访问通信服务的接口，使上层基于 IT 技术实现的应用无须知道通信服务所在位置及所采用的专用协议，就可以访问通信服务所提供的各种功能。

（1）服务总线

服务总线是一个开放的、基于标准的消息总线，是用来实现、部署和管理通信服务的一种解决方案，通过在大粒度应用和通信服务组件之间使用标准的适配器和接口提供互操作功能，确保了通信服务间的松耦合关系，解决了通信服务集成过程中的互操作问题。

（2）服务治理

服务治理包括服务注册、服务发现、服务路由和负载均衡等功能。服务注册为通信服务提供相应的注册和注销功能，只有注册过的通信服务才能够成为天地一体化信息网络的服务能力，并可以被其他应用所调用；服务发现为分布在不同位置的通信服务能力提供服务发现功能，并支持相应的服务能力发现准则；服务路由能够根据应用的服务需求，依据服务的功能和位置，选择合适的服务；服务负载均衡则根据服务实例的负载情况，选择合适的服务实例。

（3）服务开放

服务开放为通信服务提供一个物理分散、逻辑集中的控制和管理机制，能够有效控制上层应用对通信服务的访问，以及通信服务之间的互访问。把通信服务中功能相同的关于服务开放的逻辑（如认证、授权等）抽取出来，作为策略放在服务开放模块中统一执行，降低通信服务的复杂性，简化通信服务的开发过程。

2.3.4　网络编排

网络编排是天地一体化信息网络通信服务的核心目标。对天地一体化信息网络进行的服务化设计，并构建通信服务系统的主要目的之一就是实现天地一体化信息网络的快速编排，能够满足应用（或用户）的精细化用网需求。

网络编排是通信服务的核心功能，是在网络资源虚拟化和网络功能虚拟化基础上，基于网络抽象语言定义一个从应用（或用户）到网络资源的重组过程，是对网络资源和网络功能的自动化分配和调度，可实现网络资源和网络功能的有序安排与合理组织，使网络各个组成部分平衡协调，生成满足应用（或用户）要求的网络环境，具备快速部署、动态调整、重复使用等特点，网络编排示意如图 2-8 所示。

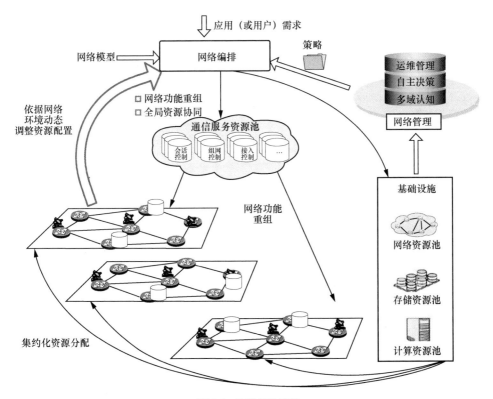

图 2-8　网络编排示意

在网络编排过程中，根据应用（或用户）需求，基于网络管理系统的编排策略，选择要使用的网络模型，把虚拟化网络资源和通信服务作为编排的基本单元，在所选择的网络模型中，将这些虚拟化网络资源和通信服务按照一定的排列方式进行组合、编排和连接，形成一条端到端的服务管道；并对编排的服务管道上的每个逻辑单元，根据需要设定具体的参数（如 IP 地址、VLAN ID、路由等），最终形成可使用的虚拟网络或网络连接。网络编排还需要依据网络环境的变化情况，动态地调整资源分配和配置情况，优化网络配置。

| 2.4　服务部署方式 |

在继续研究服务部署之前，先介绍一下服务开放系统（对应于通信服务开放层）与应用系统和通信服务之间的关系，以及在服务开放系统的参与下，应用访问通信服务的流程。通信服务开放层所对应的软件实现即服务开放系统。

在引入服务开放系统概念后，原来的应用系统与通信服务之间的单边关系现在变成了三边关系，如图 2-9 所示。在研究这三者之间关系的过程中，借鉴了 TINA-C（Telecommunications Information Networking Architecture Consortium）组织所提出的分离原理：服务访问（the access of a service）和服务使用（the usage of a service）的分离。

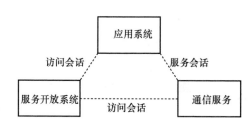

图 2-9　应用系统、服务开放系统和通信服务之间的关系

该原理把应用访问服务的过程分解为两部分，一部分是服务访问控制过程，包括应用发现服务、请求使用该服务以及对服务的安全性和完整性管理等；另一部分是对服务的使用，包括应用对服务行为的控制以及服务内容的交换等。

在这里我们基于上述原理把应用系统、服务开放系统和通信服务之间的关系分为两类：访问会话（access session）和服务会话（service session）。其中，服务开放系统和应用系统之间、服务开放系统和通信服务之间建立访问会话，应用系统与通信服务之间建立服务会话。引入访问会话的好处是，能够方便地对网络所提供的服务进行统一的 AAA（鉴权、授权和结算）和完整性（包括负载均衡和错误处理）管理。服务可独立于访问会话，对外提供一致和连贯的访问方法。

在继续服务部署讨论之前，让我们先来区分一下服务、服务体和服务实例这 3 个概念。在本节的描述中，服务是一个抽象概念，是对一组特定能力的功能性和概念性描述，而服务体则是服务的具体实现，在服务描述文件中所承诺的服务功能和服务逻辑均由服务体具体实现。服务与服务体的关系如图 2-10 所示，一个服务可以对应多个服务体，每个服务体都是该服务的具体实现，并可独立完成该服务的全部功能。此外，在服务体中包含一个服务工厂，该服务工厂负责根据用户请求创建多个服务实例，每个服务实例对应一个服务请求，由服务实例真正完成服务逻辑功能。

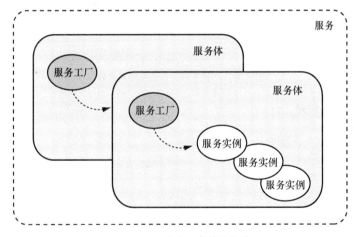

图 2-10　服务与服务体的关系

在了解服务访问和服务使用分离的概念，以及区分服务、服务体和服务实例的概念后，让我们接下来看一下，在实际的服务部署过程中，应用系统是如何访问通信服务的。应用系统访问通信服务流程如图 2-11 所示。从前面的讨论中，已经知道服务体是服务的具体实现形式，服务体可部署在多个服务器上运行，并对外提供服务功能。从图 2-11 可以看出，一个服务体包含一个服务工厂和若干个服务实例，其中服务工厂负责根据服务请求创建服务实例，由服务实例具体实现服务逻辑功能，并完成应用的服务请求。

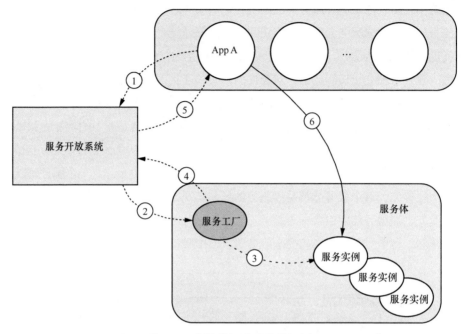

图 2-11　应用系统访问通信服务流程

　　在图 2-11 中，当应用 A（App A）需要访问服务时，首先与服务开放系统之间建立访问会话，在访问会话中发现所需服务，并请求该服务（步骤①）。服务开放系统对应用的服务请求进行验证，包括 AAA 和完整性验证等。如果该服务请求能够通过验证，服务开放系统与服务体之间也建立访问会话，并提供各种必须的参数请求服务工厂创建一个新的服务实例，用于满足本次应用请求（步骤②）。服务工厂根据服务请求创建一个新的服务实例，并分配相应的资源（步骤③）。服务工厂通过与服务开放系统之间的访问会话把该服务实例的 ID 返回给服务开放系统（步骤④）。服务开放系统通过与应用之间的访问会话把服务实例的 ID 返回给应用 A（步骤⑤）。这时应用 A 可根据服务实例的 ID 与服务体之间建立服务会话，并通过服务会话完成各种服务功能（步骤⑥）。当应用访问服务完毕后，则断开与服务实例之间的服务会话，服务工厂销毁对应的服务实例，并回收资源，以用于之后的服务请求。

　　在服务的部署过程中，要重点考虑的是服务负载均衡问题，即服务的业务量较大时，一个单独的服务往往不能满足其性能需求，或者该服务需要被分散地部署在网络的多个地理区域中，这时就需要在多个位置同时运行该服务的多个实例（或服务体）。在这种情况下，会出现一个新问题：面对多个功能相同的服务体，应用应该选择哪个服务体来完成服务请求？即应用如何判断并选择最恰当的服务体？不恰当的服务体选择会导致服务负载不均衡的问题，即服务体之间出现负载不均衡，某些服务体负载较重，导致当前的服务处理速度缓慢或者不能满足额外的负载请求，而另外一些服务体负载较轻，空闲资源不能得到合理利用。

针对这种情况，就需要提供一种服务负载均衡机制，能够根据某种算法和准则在各个服务体之间恰当和正确地分配服务请求。服务负载均衡其实是一种特殊的分布式调度系统，这个过程只涉及两个实体：应用和服务体。关于服务负载均衡机制该由谁负责实现？从工程实现角度上看，存在以下 3 种情况。

（1）由应用负责服务负载均衡机制的实现。

（2）由服务体负责服务负载均衡机制的实现。

（3）增加一个通用模块专门负责服务负载均衡机制的实现。

接下来分别从上述 3 个角度分析服务负载均衡机制的实现。首先，应用负责实现服务负载均衡机制如图 2-12 所示。多方会议服务由于性能可扩展，被部署在两个位置，分别对应两个服务体，每个服务体都具有独立的服务工厂模块，能够根据应用的服务请求独立地创建服务实例，服务实例则根据应用的服务请求分配网络资源，并在接下来的时间执行服务逻辑完成应用的服务请求。在应用负责实现服务负载均衡机制的情况下，需要由应用决定服务请求发送到哪个服务体。

一种可能的实现情况是，由应用随机地选择一个服务体，如左侧的服务体，并把服务请求发送给该服务体，如果其能够满足服务请求的条件，则由该服务体分配相应的网络资源并负责完成服务请求，如果其不能够满足服务请求的条件，则由应用继续轮询下一个服务体，直到找到一个能满足服务请求的服务体为止。这种方式有两个缺点：会导致服务体之间的负载不均衡；在服务有很多个服务体的情况下，如果连续尝试选择多个服务体均不能满足服务请求，则发现一个恰当的服务体的时间过长，进而影响应用的性能。如图 2-12 所示，这种情况下导致两个多方会议服务体的负载情况不同，左侧的服务体负载较重，右侧的服务体负载较轻，应用发送给左侧服务体的服务请求被拒绝，应用需要重新把应用请求发送到右侧的服务体，显然增加了应用发现可用服务体的时延。

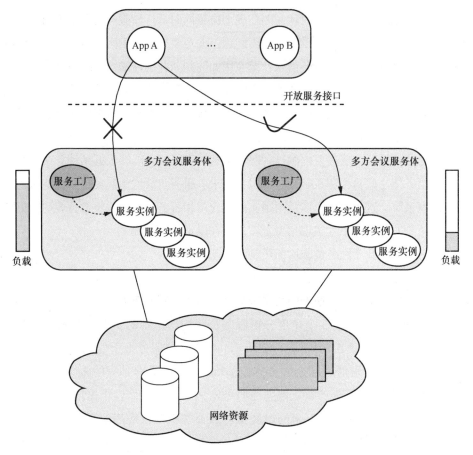

图 2-12　应用负责实现服务负载均衡机制

　　另一种可能的实现方式是，应用首先向所有的服务体询问负载情况，在获得各服务体的负载数据后，再根据选择策略和算法选择恰当的服务体来执行服务请求。显然这种实现不会导致上述所说的负载不均衡和服务体发现时间过长等问题，但这是以增加应用的复杂性为代价的，即应用需要知道所有服务体的位置，并获取这些服务体的负载信息。

　　总之，应用负责实现服务负载均衡机制虽然能够减轻通信服务系统的负担，但其存在着如下缺点：增加了应用的负担，应用需要实现负载均衡算法；每个应用都要设计和实现自己的负载均衡算法，多个应用之间不能复用负载均衡算法；不能够屏蔽底层网络的实现细节，如多方会议服务拥有服务体的数量和位置，以及每个服务体的负载情况等都需要开放给应用，此外上层应用还需要实时掌握底层网络的任何变化,如对其中一个服务体进行的升级和改造,或者增加、减少服务体数量等。

接下来分析第二种实现情况,服务体负责实现服务负载均衡机制如图 2-13 所示。在这种方式中,一个服务的多个服务体的实现是不同的,其中一个服务体为主控服务体,拥有服务工厂模块,多个服务体之间的负载均衡由服务工厂负责实现,而其他服务体则没有服务工厂模块,为从服务体,只需按照主控服务体的命令创建服务实例。

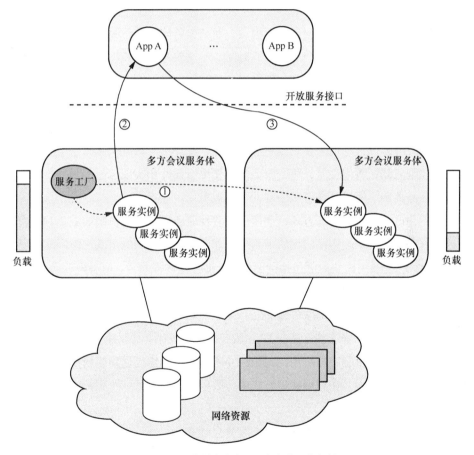

图 2-13   服务体负责实现服务负载均衡机制

当应用需要访问多方会议服务时,应用把服务请求发送给主控服务体,由主控服务体中的服务工厂根据各服务体之间的负载均衡信息选择相应的服务体,并通知选中的服务体创建一个服务实例（步骤①），服务工厂把服务体创建的服务实例的 ID 返回给应用（步骤②），应用获得服务实例的 ID 后，与该服务实例之间创建服务会话（步骤③）。在处理应用的服务请求之前，主控服务体中的服务工厂需要获得所有服务体的负载信息，这主要通过在主控服务体和从服务体之间建立会话连接，从服务体周期地把负载信息报告给主控服务体的服务工厂模块。

服务体负责实现服务负载均衡机制减轻了应用的负担，应用开发者不需要具体了解底层网络的实现细节。但其也存在如下缺点：增加了服务的实现难度，在这种方法中一个服务的多个服务体的实现是不同的，其中一个是主控服务体，剩下的是从服务体，主控服务体拥有服务工厂模块，而从服务体则没有服务工厂模块；扩展性不好，当一个服务只有一个服务体的时候，不需要考虑负载均衡问题，因此不需要在服务体中实现负载均衡机制，但当服务的访问量增加需要由多个服务体满足用户需求时，就需要重新修改服务的代码，如增加服务负载均衡机制、把一个服务体实现为主控服务体、实现服务体之间的通信等；灵活性差，增加或减少一个服务体，以及改变服务体位置等均需要修改主控服务体，此外更改负载均衡算法也需要重新修改主控服务体；重用性差，每个服务都需要重新设计和实现自己的服务负载均衡机制，服务负载均衡机制在各服务之间不能被重用。

最后，讨论第三种实现方式，通用模块实现服务负载均衡机制如图 2-14 所示。在这种方法中，一个通用化的模块被用于处理各服务体之间的负载均衡问题。可以看出，负载均衡通用模块内部包括两部分，一部分是虚拟服务，用于模拟通信服务，与应用交互，并向应用提供通信服务的各种功能；另一部分是虚拟应用，用于模拟应用，并代表应用与具体的服务体交互。

负载均衡通用模块这种方法在 IT 领域中被经常使用，其原理已众所周知，这里仅讨论在负载均衡机制中的应用。如图 2-14 所示为负载均衡通用模块在服务负载均衡机制中的直接应用，在这种实现方式中，服务代理仅包括一个虚拟应用和一个虚拟服务，其过程具体如下。

（1）虚拟应用与各服务体之间建立服务会话。

（2）当应用要访问服务时，就把服务请求发送给虚拟服务。

（3）由虚拟应用决定把服务请求发送给哪个服务体，并通过之前与服务体之间建立的服务会话把服务请求发送给服务体。

（4）服务体把结果返回给虚拟应用，并经过虚拟服务返回给应用。

在如图 2-14 所示的实现中，有两个主要的缺点：虚拟应用与每个服务体之间仅建立一条服务会话，多个应用与服务体之间需要共享该服务会话，服务体不能区分一个应用的多个服务请求，因此要求应用与服务体之间的服务访问是没有状态的，即一个应用对服务体的两次服务请求之间是不能有联系的；负载均衡机制不够灵活，负载均衡通用模块在运行过程中不能动态地更改和选择负载均衡策略。

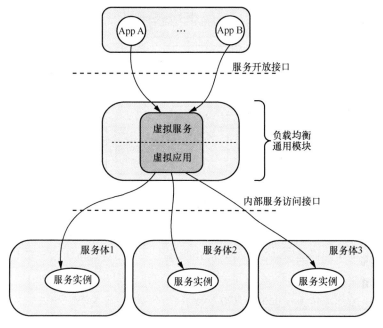

图 2-14　通用模块实现服务负载均衡机制

针对上述缺点，对负载均衡通用模块进行改进，如图 2-15 所示。在这里，主要有两个改进，第一个改进是针对每个应用都产生一个（虚拟服务、虚拟应用）绑定，专门用于处理针对该应用的服务请求。其中，在应用与服务代理之间存在一个服务会话，应用的所有服务请求均通过该服务会话发送给负载均衡通用模块，负载均衡通用模块根据负载均衡策略选择合适的服务体，并与服务体之间建立服务会话。这样做的好处是，负载均衡通用模块能够区分来自同一个应用的所有服务请求，应用与服务体之间是有状态的，即一个应用的多个连续服务请求之间可以有状态依赖关系。另外，负载均衡通用模块还可以根据服务体的负载状态，把一个应用的多个服务请求散列到多个服务体中。

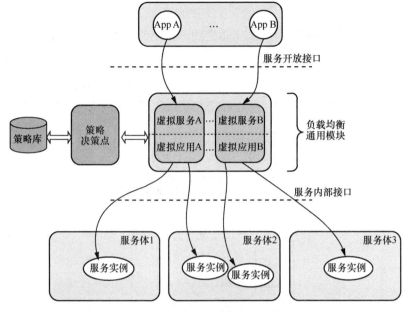

图 2-15　负载均衡通用模块（改进）

第二个改进是引入策略方法，增加负载均衡机制的灵活性。在负载均衡通用模块中实现多种负载均衡算法，并针对应用和服务选择负载均衡算法，负载均衡算法的选择由策略决策点决定。在这里，管理人员可以根据需要在策略库中配置负载均衡策略，由策略决策点根据用户策略选择合适的负载均衡算法。负载均衡通用模块不但可以针对每个应用和服务选择负载均衡算法，而且还可以根据策略执行结果动态地选择负载均衡策略。

| 2.5　应用开发方式 |

在过去，通信业界广泛采用的应用开发方式是一种常见的烟囱式应用集成方式。每种通信网络（如电信网）往往拥有自己独立的应用与服务开发平台，并且开发平台之间互不兼容，在每种开发平台上通过紧耦合方式把相互关联的组件集成起来形成应用，每个应用对应一个烟囱式的集成。在这种烟囱式的集成过程中，通常都会假定具体的网络模型、数据结构、数据库、安全模型等，并在这些假设基础上进行相应的优化设计，从而产生面向特定用途的、高效率和高性能的通信系统和应用。

随着信息技术（IT）和通信技术（CT）的融合，IT 领域中面向服务的松耦合开发方式逐渐被引入电信网，驱动着电信网应用业务开发的发展创新。天地一体化信息网络作为全新的信息通信网络，需要转变应用开发方式。通过借鉴互联网和企业网（enterprise network）上应用与服务开发方式，提出了基于微服务的水平式应用开发方式，如图 2-16 所示。计划分 3 步在天地一体化信息网络中支持水平式应用开发方式。第一步是在网络层面融合各种通信技术，使其对外展示同一界面，简化底层网络的复杂性，把异构网络变成同构网络。第二步是在融合的天地一体化信息网络上构建基于微服务的通信服务系统，向下屏蔽底层网络技术，向上提供统一、标准和简单的编程接口和编程环境，并提供各种服务基础设施，以支持面向服务的应用开发。第三步，也即最终目标，是在天地一体化信息网络上提供无所不在、无所不能的服务，使其自动融合并成为虚拟的应用网络（application network）。

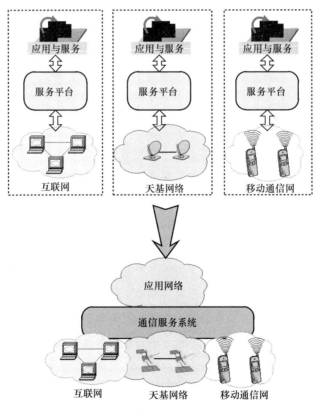

图 2-16　应用开发方式的转变

目前，互联网和企业网领域中均已井喷式地出现了大量的优秀应用与服务，这主要得益于其所采用的新型应用与服务开发方式，尤其是企业网领域，其所采用的面向微服务的开发思想（或云原生）和开发技术正推动着整个应用程序开发领域发生重大转变。在企业网和互联网的这种应用开发方式中，能够通过服务组合方法轻松地把各种现有的服务组件组合起来，快速生成一个新的应用。目前的服务组合方法主要包括两类——服务编排（orchestration）和服务编舞（choreography），如图 2-17 所示。

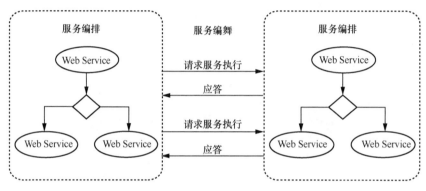

图 2-17　服务编排和服务编舞

服务编排和服务编舞的目标都是以一种面向业务流程的方式将多个服务组合起来，但这两种方法还是有一定区别的。服务编排定义了组成编排的服务，以及这些服务的执行顺序（如并行活动、条件分支逻辑等），在服务编排中存在着一个中央控制点，通过顶层控制编排业务流程中的各个任务，因此可将服务编排视为一种简单的流程，这些流程本身也可以发布成一个服务，服务编排的代表协议是 WS-BPEL；而服务编舞则更关注多方如何在一个更大的业务事件中进行协作，通过"各方描述自己如何与其他服务进行公共信息交换"来定义业务流的交互，因此服务编舞从逻辑上来说是一种对等模型，服务编舞的代表协议是 WS-CDL。

虽然上述面向服务的方法和技术在应用开发方面表现出了明显的优势，且已在企业网领域得到了验证，并被行业所广泛接受，代表了未来的发展趋势，但是把这些技术直接应用到电信网上的应用开发还存在一些问题，主要是电信网和互联网（或企业网）在编程方面存在着巨大的差异，具体包括以下内容。

- 电信网编程通常是面向连接的和基于会话控制的，编程过程中需要对会话连接进行操作，并涉及复杂的信令协议；而互联网（或企业网）编程通常是无连接方式，采用客户端/服务器（C/S）的编程模型，在发送数据前不需要建立信令连接。

- 电信网编程中存在多种通信方式，如同步方式、异步方式和事件触发方式，增加了编程难度；而互联网（或企业网）编程通常只涉及同步通信方式，编程较简单。
- 电信网编程中的各种操作通常是有状态的，需要记忆并了解当前所操作的会话状态，这些操作不易被直接封装为服务；而互联网（或企业网）编程中的各种操作通常是无状态的，容易被封装为服务。

此外，天地一体化信息网络已经不再是单纯的电信网或互联网，而是综合了电信网与互联网（或企业网）基因的融合网络。同样，天地一体化信息网络的应用开发，也不再是单纯的面向电信网或互联网（或企业网）的编程，而是融合了这两类网络的编程。天地一体化信息网络通信服务系统作为融合类应用与融合网络之间的中间件，在天地一体化信息网络应用系统的开发过程中起着关键作用，其功能、架构和接口设计直接影响应用的开发。

｜ 参考文献 ｜

[1] CORNELIA DAVIS. 云原生模式：设计拥抱变化的软件[M]. 北京：电子工业出版社，2020.

[2] 吴巍，骆连合，吴渭. 现代电信网络服务技术[M]. 北京：国防工业出版社，2015.

[3] 闵士权，刘光明，陈兵，等. 天地一体化信息网络[M]. 北京：电子工业出版社，2020.

[4] GONZALO CAMARILLO, MIGUEL A, GARCIA-MARTIN. The 3G IP multimedia subsystem (IMS): merging the Internet and the cellular worlds[M]. United Kingdom: John Wiley & Sons Ltd., 2008.

[5] KHALID AL-BEGAIN, CHITRA BALAKRISHNA, LUIS ANGEL GALINDO, et al. IMS: a development and deployment perspective[M]. United Kingdom: John Wiley & Sons Ltd., 2009.

[6] ITU-T. Open service environment capabilities for NGN: Recommendation ITU-T Y.2234[S]. 2008.

[7] ANTONIO CUEVAS, JOSE IGNACIO MORENO, PABLO VIDALES, et al. The IMS service platform: a solution for next-generation network operators to be more than bit pipes[J].

IEEE Communications Magazine, 2006(8): 75-81.

[8] HECHMI KHLIFI, JEAN-CHARLES GREGOIRE. IMS application servers: roles, require-ments, and implementation technologies[J]. IEEE Internet Computing, 2008(5): 40-51.

[9] MICHAEL BRENNER, MUSA UNMEHOPA. The open mobile alliance: delivering service enablers for next-generation applications[M]. United Kingdom: John Wiley & Sons Ltd., 2008.

[10] THOMAS MAGEDANZ, NIKLAS BLUM, SIMON DUTKOWSKI. Evolution of SOA con-cepts in telecommunications[J]. IEEE Computer, 2007(11): 46-50.

第 3 章

服务基础设施

天地一体化信息网络服务基础设施是整个体系运行的基础支撑环境，面向天地一体资源共享与利用，在统一的云平台框架下，按照"资源虚拟、云边协同"机制，利用虚拟化技术把分散在天基和地面的计算、存储、网络等物理资源封装为虚拟资源，并聚合在一起形成"云"化资源池，屏蔽计算和存储资源的异构性和异地性，并以虚拟机、容器等方式向通信服务提供运行环境。

| 3.1 概述 |

服务基础设施主要由地面云计算中心、星载边缘服务节点以及星地协同操作环境共同组成。其中，地面云计算中心主要指地面电信港、关口站及专用数据中心等所建的高性能、规模化计算和存储设施；星载边缘服务节点主要包括 GEO 卫星节点和非 GEO 卫星节点（例如，MEO 或 LEO 卫星节点）搭载的计算和存储设备；星地协同操作环境按照"资源虚拟、云边协同"机制，屏蔽星地资源的广域分布、高时延等特性，以分布协作方式维护管理虚拟资源，并基于轻量级同步协议，为天地一体化信息网络通信服务提供满足高可靠要求的运行环境，按需提供虚拟机或容器。

与传统的地面网络不同，天地一体化信息网络具有异构网络互联、拓扑动态变化、传播时延高、时延方差大、卫星节点处理能力受限等特点，其服务基础设施相对于传统数据中心来说，在资源结构和特性等方面有所不同，具体归纳如下。

（1）有限性和限定性：有限性体现在卫星受发射和运行成本的限制，且资源入轨后无法扩充，造成单个卫星上的资源相对有限。限定性主要是指卫星上的计算和存储资源受到外太空环境和无人值守条件的制约，在可靠性、电磁兼容性等方面有特殊要求，需要使用专用芯片和电路。

（2）分散性和独立性：卫星网络中，卫星与卫星之间距离较远，造成了星上资源分散，并且各个卫星对自身资源有着相当的自治性，因此星间相对独立。

（3）多样性和异构性：卫星的数目和卫星所承载的业务种类增多，卫星节点的种类和功能逐渐多样化，导致了天基资源以及地面资源的差异性和异构性。

（4）动态性和不可扩展性：大部分卫星节点位于各种轨道上，导致节点间的通信链路不能够像地面网络一样处于固定的位置，其网络拓扑结构随着时间呈现规律的周期性变化，所以星上资源位置也是动态变化的，需要在动态变化情况下使用资源。

| 3.2　功能需求 |

由于制造和发射卫星成本的限制，天地一体化信息网络的更新、重构和扩展是"僵化"的，而且天基网络中计算、存储、星上载荷等资源都是极为稀缺和宝贵的，卫星之间差异性又极为明显，天基资源主体相对独立，资源管理复杂，这就限制了整体卫星系统的性能，日益增长的业务需求和受限的系统资源之间呈现出越来越明显的不对称性。亟须通过资源虚拟化、资源统一描述、资源统一调度等对资源进行有效的组合和优化，屏蔽底层资源的异构性、分散性、动态性等特点，形成一个抽象的资源池，通过星地资源联合调度、云边协同，提升整体系统性能，满足用户多样性的需求。

1. 异构资源统一描述

天地一体化信息网络中，地面资源和星载资源格式差异较大，功能各异，对它们的访问配置方式、共享规则之间的区别很大，亟须统筹分类基础设施资源，构建高效统一资源模型，实现资源的统一表征，屏蔽资源异构性，提升资源调度细粒度，快速反映资源实时状态。

2. 数据分布式标准化存储

天地一体化信息网络产生 TB 级甚至 PB 级的海量异构数据，且资源分布在星、地不同的空间位置上，要准确及时地找到用户需要的数据和信息，需要对地面基础设施、天基基础设施等数据进行规范化、标准化存储管理，支撑开展各类任务态势或日常资源状态等数据信息的收集、处理与显示，为全球移动通信、反恐维稳、抢险救灾、航天支援等提供数据存储支持。

3. 资源统一管理调度能力

天地一体化信息网络中存在资源复杂、动态变化、分布式异构存储等问题，难以满足日益增长的业务需求，亟须在资源统一描述的基础上，构建统一逻辑视图的资源池，实现计算设备、存储设备、网络设备等的资源可视化，打破天地一体化信息网络物理上、空间上的资源隔离，按需进行资源配置，实现地面基础设施、天基基础设施等各类资源的统一调度管控。

4. 云边协同能力需求

天地一体化信息网络的海量异构数据分布在天、地不同的空间位置上，需要准确及时地找到用户需要的数据和信息，对时空信息加工与处理的自动化、智能化和实时性提出了更高的要求，需要通过云计算、大数据技术进行分析处理；在数据处理领域，云计算与边缘计算各有所长，云计算擅长全局性、非实时、长周期的大数据处理与分析，能够在长周期维护、业务决策支持等领域发挥优势，边缘计算更适用于局部性、实时、短周期数据的处理与分析，能更好地支撑本地业务的实时智能化决策与执行，边缘计算与云计算需要通过紧密协同才能更好地满足各种场景的需求。

| 3.3　技术现状 |

在过去的十多年内，云计算技术得到了迅猛发展，全球云计算市场规模增长数倍，我国云计算市场从最初的十几亿元增长到现在的千亿元规模。作为一种计算资源供应和使用的模式，云计算技术把计算、存储和网络等硬件资源虚拟化为一个多用户共享的资源池，再通过互联网向用户提供按需、可扩展的资源。下面针对基础设施即服务（IaaS）、边缘计算、网络功能虚拟化等相关技术进行介绍。

3.3.1　基础设施即服务

IaaS 是最简单的云计算交付模式，它用虚拟化操作系统、工作负载管理软件、硬件、网络和存储服务的形式交付计算资源。在这种模式中，用户不用自己构建专用的硬件设施，而是通过网络按需获得计算能力，包括服务器、存储和网络等。

IaaS 也是当前产业界主流的云计算交付模式，各大 IT 厂商（如亚马逊、微软、IBM、华为等）均提供 IaaS 解决方案。亚马逊 AWS 以 Web 形式向企业提供 IT 基础设施服务，包括 EC2、S3 以及 simpleDB 等；2018 年发布混合架构 AWS

Outposts，基于 VMware 和 AWS 的云架构为客户提供私有云产品；2020 年，正式发布支持 VMware 的 Outposts 产品。

2010 年，微软正式发布 Azure 云平台服务，由 4 个层次组成，最底层是由遍布全球的数据中心组成的微软全球基础服务（Global Foundation Services，GFS）系统。全球基础服务系统之上是 Windows Azure 操作系统，实现了物理基础资源的虚拟化及封装。2017 年，微软发布 Azure Stack，通过软件的形式部署到企业的数据中心，包括 3 项子产品，分别为运行边缘计算工作负载的 Azure Stack Edge、超融合基础设施解决方案 Azure Stack HCI、云原生集成系统 Azure Stack Hub。

IBM 通过优化整合系统，构建 IaaS 平台 Power Cloud Box，该平台使用 Power 高性能服务器组成系统资源池，通过业界领先的 PowerVM 虚拟化技术，结合云计算基础平台管理软件 Systems Director、VMcontrol，实现智慧 IaaS 的交付方式。

华为云计算战略包括 3 个方面：构建云计算平台，促进资源共享、效率提升和节能环保。在华为 2015 云计算大会上重点展示了 3 个软件平台：FusionSphere、FusionInsight 和 FusionStage。面向企业和运营商客户推出的 FusionSphere 6.0 版本在组件、架构、生态 3 个维度全面拥抱开源，实现了深度的软件开放，为客户提供非常灵活的软件选择。

阿里巴巴 2009 年推出阿里云，从 IaaS 发力，主要提供弹性计算服务、开放存储服务、开放结构化数据服务、开放数据处理服务、关系型数据库服务等云计算服务及搜索、邮箱、域名、备案等互联网基础服务。截至 2020 年，中国上市公司 59% 都是阿里云的客户。

3.3.2　边缘计算技术

1. 边缘计算概念

边缘计算是在靠近物或数据源头的网络边缘侧，融合网络、计算、存储、应用核心能力的分布式开放平台，就近提供边缘智能服务，满足行业数字化在敏捷连接、实时业务、数据优化、应用智能、安全与隐私保护等方面的关键需求。它可以作为连接物理和数字世界的桥梁，使能智能资产、智能网关、智能系统和智能服务。

边缘计算主要包括云边缘、边缘云和边缘网关 3 类落地形态，以"边云协同"和"边缘智能"为核心能力发展方向，如图 3-1 所示。

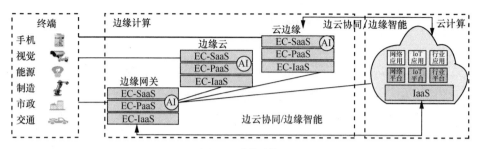

图 3-1　边缘计算

云边缘：云边缘形态的边缘计算，是中心云服务在边缘侧的延伸，逻辑上仍是中心云服务的一部分，主要的能力提供及核心业务逻辑的处理依赖中心云服务或需要与中心云服务紧密协同。如华为云提供的 IEF 解决方案、阿里云提供的 Link Edge 解决方案、AWS 提供的 Greengrass 解决方案等均属于此类。

边缘云：边缘云形态的边缘计算，是在边缘侧构建中小规模云服务或类云服务能力，主要的能力提供及核心业务逻辑的处理主要依赖于边缘云；中心云服务主要提供边缘云的管理调度能力。如多接入边缘计算（MEC）、内容分发网络（CDN）、华为云提供的 IEC 解决方案等均属于此类。

边缘网关：边缘网关形态的边缘计算，以云化技术与能力重构原有嵌入式网关系统，并在边缘侧提供协议/接口转换、边缘计算等能力，部署在云侧的控制器提供边缘节点的资源调度、应用管理与业务编排等能力。

2. 边缘计算分类

从细分价值市场的维度看，边缘计算主要分为 3 类：电信运营商边缘计算、企业与物联网边缘计算、工业边缘计算。

围绕上述 3 类边缘计算，产业界主要的 ICT、OT、OTT、电信运营商等厂商纷纷基于自身的优势构建相关能力，布局边缘计算，形成了当前主要的 6 种边缘计算的业务形态：物联网边缘计算、工业边缘计算、智慧家庭边缘计算、广域接入网络边缘计算、边缘云以及多接入边缘计算。边缘计算分类及业务形态如图 3-2 所示。

物联网边缘计算主要由电信运营商、ICT 厂商、OT 厂商提供，典型的解决方案如华为 EC-IoT、思科 Fog Computing、SAP Leonardo IoT Edge 等。这类边缘计算可以使厂商从原有业务领域向物联网领域延伸，从而做多连接、撑大管道、促进 E2E 数据价值挖掘。

3类边缘计算	6种边缘计算主要业务形态	主要厂商	典型方案
电信运营商 / 企业与物联网 / 工业	物联网边缘计算	ICT、OT、电信运营商	华为Ocean Connect & EC-IoT 思科Jasper & Fog Computing
	工业边缘计算	OT、ICT	西门子Industrial Edge 和利时Holli Edge
	智慧家庭边缘计算	电信运营商、OTT	智慧家居
	广域接入网络边缘计算	电信运营商、OTT	SD-WAN
	边缘云	OTT、电信运营商、开源	AWS Greengrass 华为Intelligent Edge Fabric
	多接入边缘计算	电信运营商	中国移动MEC 中国联通Edge Cloud 中国电信ECOP

图 3-2　边缘计算分类及业务形态

工业边缘计算主要由 OT 厂商提供，典型的解决方案如西门子 Industrial Edge、和利时 Holli Edge 等。这类边缘计算与工业设备及工业应用紧密结合，使能工业系统的数字化，促进设备、工艺过程及工厂全价值链优化。ICT 厂商也从使能 OT 厂商数字化能力构建的维度加大该类边缘计算的投入。

智慧家庭边缘计算主要围绕智慧家庭网络、智慧家居、智慧家庭安防等场景，使能家庭内的网络、家电、家具等智能化，改进和提升用户体验，深度挖掘并匹配家庭客户需求与价值。

广域接入网络边缘计算主要为企业客户提供灵活弹性的广域网络接入能力，自动识别区分企业客户的不同业务流，并自动匹配相应的服务质量（QoS）保障；同时支持按需的网络增值业务自动化部署。

边缘云主要由公有云服务商提供，一般作为其云服务在边缘侧的延伸，同时具备实时响应、离线运行等能力，从而延伸云服务的覆盖领域和范围。

多接入边缘计算提供了一个新的生态和价值链。多接入边缘计算使能电信运营商可以在网络边缘分流业务，从而为客户提供更低时延、更高带宽、更低成本的业务体验，以及向第三方应用及服务开放边缘网络能力，从而放大电信运营商网络价值，使能创新的应用、服务与商业模式。

在实际部署的商业用例中，上述 6 种业务形态可以独立存在，也可以多种业务形态互补并存。

3.3.3　网络功能虚拟化技术

网络功能虚拟化（NFV）是由服务提供商推动，以加快引进其网络上的新服务。

其实质是将网络功能从专用硬件设备中剥离出来，实现软件和硬件解耦后的各自独立，基于通用的计算、存储、网络设备，并根据需要实现网络功能及其动态的灵活部署。目前，NFV 应用有九大领域：NFV 基础设施即服务（NFVIaaS）、虚拟网络功能即服务（VNFaaS）、虚拟网络平台即服务（VNPaaS）、服务链应用服务、移动核心网虚拟化和 IMS 支持、移动基站虚拟化、内容分发网络虚拟化、家庭网络虚拟化，以及固定接入网络虚拟化。

NFV 相关标准的研究和制定工作主要由欧洲电信标准组织（ETSI）、第三代合作伙伴计划（3GPP）等多个标准组织负责。2014 年年底，ETSI 已经完成了第一阶段的工作，定义了 NFV 网络的 MANO（NFV 管理和编排）框架，大幅度提升了产业参与度。2016 年年底，完成了第二阶段的工作，主要的工作内容包括：MANO 接口规范、加速技术、网络服务描述符（NSD）及虚拟网络功能包定义、虚拟资源管理域需求。目前，ETSI 正在开展第三阶段的工作。3GPP 于 2016 年年底完成第二阶段关于网管架构、需求和相关网管接口要求的制定工作。国内各运营商也在积极参与 NFV 相关技术研究和标准制定的工作。

在国内，中国联通以 IPA 网为基础，采用 SDN/NFV 技术全面升级构建服务产业互联网的专用网络，实现 334 个城市全覆盖，同时对海外的网络延伸点进行 SDN 化升级，给用户提供极低时延、高质量的多种带宽需求，还能实现业务实时开通、配置自动下发功能。除此之外，中国联通还提供网络弹性服务，支持 QoS、SLA 差异化需求。

中国移动以 ONAP 打造下一代网络自动化运营平台协同编排器。ONAP 提供了以云为核心的 SDN/NFV 网络编排器开源平台，支持网络端到端生命周期管理、全局资源编排、网络动态调度。据了解，ONAP 由中国移动牵头的 OPEN-O 与 AT&T 牵头的 ECOMP 于 2017 年 2 月合并成立。

中国电信正启动网络架构以及基础科研类等一批网络重构项目，并发布《中国电信 CTNet2025 网络架构白皮书》定义网络重构演进的路径和原则，计划以智能牵引网络转型，深化开源技术应用，积极引入 SDN、NFV、云等新兴技术，构建简洁、集约、敏捷、开放新一代网络运营系统，实现网络、IT 融合开放，为快速部署业务、提升安全能力、促进业务创新提供有力支撑，为用户提供可视、随选、自服务的全新网络体验。近期实现网络云化，选择部分代表性网元和系统，结合相关系统升级换代工作，引入 NFV，计划将云资源池内 SDN 部署工作推广至 14 省；与芯片厂商深度合作，完善 SDN 网关功能，扩大 SDN 家庭网关试商用规模。

华为正式发布了 TestCraft 服务，以 TaaS（testing as a service）的模式面向 SDN/NFV 领域，提供多种多样的自动化测试模型和专业服务。TestCraft 的发布标志着其在基于 SDN/NFV 技术的电信网云化道路上迈出重要一步。华为是 SDN/NFV 技术标准的主要贡献力量之一，全面参与 SDN 技术标准制定，主导北向接口/安全/光传送等标准制定，POF 成为 OF2.0 协议的基础。

3.4　服务基础设施系统架构

在天地一体化信息网络中利用云计算、边缘计算技术，构建服务基础设施。地面云计算根据用户请求，统一分配和调度计算和存储资源；在天基节点上，利用天基计算和存储资源对数据进行融合处理，减少信息回传压力。天地一体化信息网络服务基础设施物理架构如图 3-3 所示。

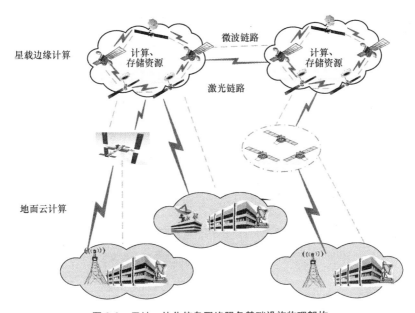

图 3-3　天地一体化信息网络服务基础设施物理架构

服务基础设施包括地面/天基计算资源、地面/天基存储资源、地面/天基网络资源等，通过虚拟化技术将底层物理设备资源池化，屏蔽底层设备细节，由星地协同操作环境实现对物理资源与虚拟资源的统一管控，实现智能化的资源优化组合和按需调度，灵活地为天地一体化信息网络通信服务提供资源支撑。

服务基础设施通过对虚拟化的计算资源、存储资源、网络资源进行统一管理与调度，提供可灵活扩展的弹性计算服务能力、海量数据存储服务能力以及信息传输能力；采用云计算为各类通信服务和业务应用提供按需获取的计算能力和存储空间，采用大数据为海量数据和信息提供快速、智能的分析处理能力。

服务基础设施体系架构如图 3-4 所示，主要包括硬件基础设施、资源池、云服务平台。依托天基节点、地面节点等基础设施，统筹管理和使用天基/地面计算资源、存储资源、网络资源等，采用虚拟化、云计算技术构建统一的虚拟资源池，满足通信服务运行、应用业务托管等需要，实现信息资源统一规划管理、动态分配与集中监控。

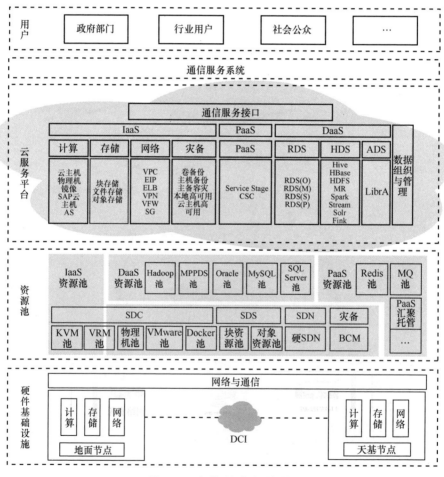

图 3-4　服务基础设施体系架构

服务基础设施为通信服务提供基础软件、支撑软件、应用功能、信息资源、运行保障等服务，实现服务资源集中管理，并对上层应用提供功能完善的平台支撑，满足业务敏捷部署、资源按需分配的需求；具备标准化、集群化、分布式并行计算和存储能力，具有资源虚拟、动态扩展、按需部署等技术特点，提供基础设施即服务、平台即服务、数据即服务 3 种类型服务，实现天基多源信息融合，满足各级各类用户的共性与个性化需求。

| 3.5 服务基础设施功能架构 |

服务基础设施功能架构如图 3-5 所示，由物理资源、资源虚拟化、星地协同操作环境组成。其中，物理资源包含分布在地面和天基的计算、存储、网络等资源；资源虚拟化利用虚拟化技术，把分散在天基、地面的计算、存储、网络等物理资源封装为虚拟资源，形成虚拟资源池；星地协同操作环境包括星地协同资源管理、云边协同、容灾备份等，为天地一体化信息网络提供分布式的天地资源协同与共享环境。

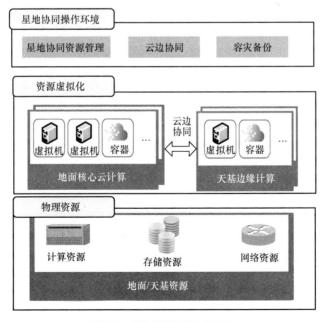

图 3-5 服务基础设施功能架构

3.5.1 物理资源

1. 计算资源

计算资源包括地面计算资源、天基计算资源，地面计算资源主要包括计算服务器、裸金属服务器、图形处理器（GPU）裸金属服务器，天基计算资源主要包括天基计算单元和存储单元。

计算服务器主要用于搭建虚拟计算资源，通过虚拟化技术将不同架构、不同性能的服务器 CPU、内存等资源进行组合，对外呈现虚拟计算资源池，根据业务需求进行弹性调度，满足用户多样式、多场景的计算需求；裸金属服务器相对虚拟机的计算性能更高，满足部分业务应用的高性能场景需求；GPU 裸金属服务器相对 GPU 的图形处理能力更高，满足图形化显示需求较高的业务。

2. 存储资源

存储资源包括地面存储资源、天基存储资源，均包括集中式存储、分布式存储、分布式数据库。

分布式存储由多台存储节点通过存储软件，提升单个节点存储性能，实现存储负载分担和多副本备份等功能，主要用于块存储、文件存储、对象存储和大数据存储；集中式存储由磁盘阵列组成，通过双控冗余架构提供存储的性能和可靠性，相对分布式存储来说，集中式存储的高 I/O 更容易实现，主要用于块存储和文件存储；分布式数据库由"服务器+分布式数据库"构成，主要完成海量结构化数据的存储和分析。

3. 网络资源

网络资源主要指地面云数据中心网络，包括光纤传输、路由交换等。

3.5.2 资源虚拟化

资源虚拟化将物理主机的计算、存储和网络等资源进行虚拟化，抽象为虚拟化资源池，在通信服务以及上层业务需要的时候，可进行一定的配置，完成应用服务与硬件资源的匹配，是实现从物理主机到虚拟主机过渡的技术手段。

服务基础设施通过基于虚拟机的资源虚拟化和基于 Docker 容器的虚拟化技术，基于 Linux、KVM、Qemu 和 Docker 定制，实现物理资源的统一管理，形成安全可靠的资源池，为通信服务提供支撑。采用虚拟化和容器技术将服务器隔离成多个独立的单元，每个单元具有 CPU、内存、磁盘、网络资源，在其上可以部署完整的操作系统或应用。下面分别阐述计算虚拟化、存储虚拟化、网络虚拟化技术。

3.5.2.1 计算虚拟化

将服务基础设施的服务器物理资源抽象成逻辑资源，让一台服务器变成几台甚至上百台相互隔离的虚拟服务器，不再受限于物理上的界限，而是让 CPU、内存、磁盘、I/O 等硬件变成可以动态管理的"资源池"，从而提高资源的利用率，简化系统管理。

1. 平台虚拟化

目前使用比较多的如 XEN、KVM 以及 VMware 都是一种平台虚拟化技术，平台虚拟是一种对计算机或操作系统的虚拟，其对用户隐藏了真实的计算机硬件，表现出另一个抽象计算平台虚拟机模拟一个足够强大的硬件使客户机操作系统独立运行，平台虚拟化如图 3-6 所示。

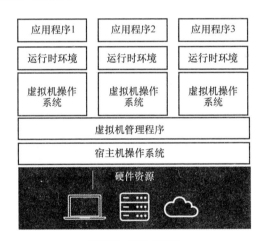

图 3-6 平台虚拟化

平台虚拟化技术包括完全虚拟化技术和半虚拟化技术。完全虚拟化技术是通过虚拟机监视器对底层的硬件资源进行管理，将单个物理主机分成若干个相互独立的部分，每个部分对应一台独立的虚拟机，虚拟机上运行独立的操作系统，从而有效利用主机的物理资源；半虚拟化在完全虚拟化的基础上，修改客户操作系统，增加了一个专门的应用程序接口，将客户操作系统发出的指令进行了优化。

2. 基于容器的虚拟化

目前容器虚拟化技术的典型代表是 Mesos 和 Docker。Mesos 主要利用操作系统本身的一些特性如 cgroup、namespace 等来实现对容器的隔离；Docker 则主要使用 Docker 应用程序接口来进行容器管理。Docker 的发展非常迅速。围绕 Docker 的生态圈已经形成，围绕 Docker 的很多开源项目正处于开发中，包括容器操作系统、系统监测、应用程序开发平台、开发工具、大数据、网络等。

基于容器的操作系统及虚拟化技术的关键思想在于操作系统之上的虚拟层按照每个虚拟机的要求为其生成一个运行在物理机器之上的操作系统副本，从而为每个虚拟机产生一个完好的操作系统，并且实现虚拟机及其物理机器的隔离，Docker 容器虚拟化如图 3-7 所示。

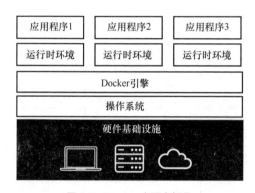

图 3-7　Docker 容器虚拟化

传统的平台虚拟化技术具备隔离性好等特点，但是在性能敏感的应用中存在一定的不足，因此天地一体化信息网络支持基于容器的虚拟化技术；容器直接运行在主机操作系统，直接使用主机操作系统的系统调用接口，容器间共享操作系统内核，使得容器比传统虚拟机更轻巧，需要的资源更少；容器也可以安装在 IaaS 所分配的虚拟机上，相比现有的 PaaS 容器技术也更具灵活性，这可以让它应用在已有公有云及私有云的虚拟化框架中。

3.5.2.2　存储虚拟化

存储虚拟化技术将底层存储设备进行抽象化统一管理，向服务器层屏蔽存储设备硬件的特殊性，而只保留其统一的逻辑特性，从而实现了存储系统集中、统一、方便的管理，其核心思想是将资源的逻辑映像与物理存储分开，从而为通信服务提供一幅简化、无缝的资源虚拟视图。对通信服务来说，虚拟化的存储资源就像一个巨大的"存储池"，用户不会看到具体的磁盘、磁带，也不必关心自己的数据经过哪一条路径、通往哪一个具体的存储设备。

根据服务基础设施存储系统的构成和特点，可将虚拟化存储的模型分为 3 层：物理设备虚拟化层、存储节点虚拟化层、存储区域网络虚拟化层。3 层虚拟化存储模型大大降低了存储管理的复杂度，有效地封装了底层存储设备的复杂性和多样性，使系统具备了更好的扩展性和灵活性。

1. 物理设备虚拟化层

主要用来进行数据块级别的资源分配和管理，利用底层物理设备创建一个连续的逻辑地址空间，即存储池。根据物理设备的属性和用户的需求，存储池可以有多个不同的数据属性，如读写特征、性能权重和可靠性等级。按需分配的存储设备作为一个逻辑卷管理器，可以从存储池中分配逻辑卷，动态地分配存储资源，并管理数据块的映射和转发。

2. 存储节点虚拟化层

可实现存储节点内部多个存储池之间的资源分配和管理，将一个或者多个按需分配的存储池整合为在存储节点范围内的统一的虚拟存储池。这个虚拟化层由存储节点虚拟模块在存储节点内部实现，对下管理按需分配的存储设备，对上支持存储区域网络虚拟化层。

3. 存储区域网络虚拟化层

可实现存储节点之间的资源分配和管理，集中地管理所有存储设备上的存储池，以组成一个统一的虚拟存储池。这个虚拟化层由虚拟存储管理模块在虚拟存储管理服务器上实现，以带外虚拟化方式管理虚拟存储系统的资源分配，为虚拟磁盘管理提供地址映射、查询等服务。

3.5.2.3　网络虚拟化

网络虚拟化基于统一化描述语言实现各类资源建模，屏蔽网络资源差异性，通过开放式资源接口实现资源的实时呈现、按需调度，将同类资源多维度属性进行细粒度描述，界定资源调度最小颗粒度。将网络资源分为物理层、链路层、网络层资源，在不同的网络层级上，资源具有不同的表现形式和感知内容。

1. 物理层资源

物理层资源主要指服务基础设施的网络传输资源，包括传输终端、传输手段等。传输终端资源是信息收发的物理载体，可从终端类型、数量、通道数、接口、处理能力等角度进行描述；传输手段可从带宽、传输速率等角度进行描述。

2. 链路层资源

链路层资源是物理层资源在链路层上的映射，通过有线、无线传输设备的信道资源等，形成链路层资源。根据采用的技术途径不同，链路层资源呈现不同的内容和表述方法，可通过折算方法进行统一描述，从传输速率、误比特率、时延、抖动等角度进行描述。

3. 网络层资源

网络层资源是物理层资源、链路层资源在网络层上的映射，主要包括网络层协议数据处理资源（网关、路由、防火墙、隧道、任务子网（虚拟网）、网络切片）、网络拓扑资源、网络容量以及组网控制安全状态等资源；可从地址、拓扑、路由交换容量、转发处理时延、支持的隧道类型、处理能力，以及途经链路节点和相邻节点信息等角度进行描述。

3.5.3 星地协同操作环境

3.5.3.1 星地协同资源管理

天地一体化信息网络面向多种用户提供的复杂、多类型的任务需求，从用户发出任务需求，到跨越地面资源、天基资源聚合等，星地协同资源的管理过程不仅需要实现全网资源共享，还要能实时高效地进行资源的聚合和转化。星地协同操作环境承担全局资源管理的功能，将用户的资源申请转换为资源调度指令，统一分配和调度位于不同地理位置的资源，并且根据业务特性、灾备等级等需求，对资源池进行分级、分区的管理。

针对天地一体化信息网络资源管理需求，实现基础设施资源统一抽象描述、虚拟资源池构建维护以及面向资源的统一编程接口，为其他上层业务应用提供按需定制的资源视图。虚拟资源池的构建与维护是星地协同资源管理的核心，用于管理虚拟资源的使用过程、识别虚拟资源、查找和分配资源，以及监测资源的运行情况等。虚拟资源池构建与维护的整个生命周期分为资源注册、资源发现、资源分配、资源预留和资源回收等过程，资源池管理流程如图3-8所示。

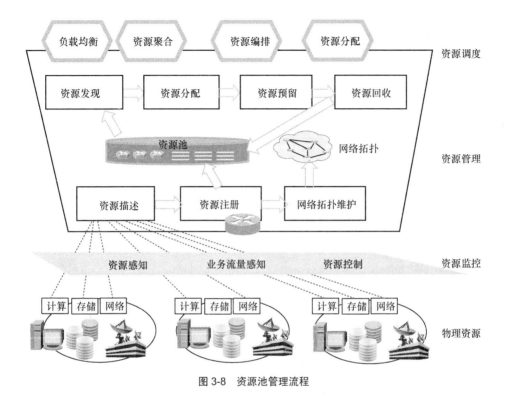

图 3-8　资源池管理流程

资源注册：向资源池中注册新发现的资源，使新发现的资源成为可管理的对象。资源的注册信息包括资源的各种属性信息，如计算能力、存储能力、链路类型等。

资源发现：根据资源请求，从资源池中查找满足资源请求条件的可用资源集合。

资源分配：依据约束条件从资源发现过程提供的候选资源集合中选择最佳匹配的资源，为资源请求指派合适的资源。

资源预留：为资源请求找到并分配合适的资源后，在指定的时间段内把资源预留给指定的业务使用。

资源回收：当业务生命周期结束后，需要释放所使用的资源，放入资源池中，等待下一次资源分配。

3.5.3.2　云边协同

天地一体化信息网络中，核心云主要运行在地面数据中心，边缘云是运行在卫星上的轻量化云平台，将计算、存储、网络资源虚拟化或容器化，为业务应用提供基础的、统一管理的、独立的计算和存储单元，并为用户交付服务器虚拟化和桌面虚拟化服务。

云边协同主要是指边缘云与核心云上的各种云平台服务与边缘服务形成协同，包括为边缘应用提供云端能力的调用交互，以及将云端能力延伸下沉到边缘云，作为一个服务在本地为边缘应用提供服务。

核心云的计算和存储等云计算基础服务与边缘云形成云边一体，即让计算和数据在云边自由流动，云端租户虚拟机可以调度迁移至边端，并基于业务需求、计算负载等实现云边算力的统一调度；而云端存储与边端存储可以基于策略统一调度，实现热点数据的边端存储、全量数据和结构化分析数据的云端上传、保存等。

天地一体化信息网络边缘云可与地面核心云服务集群构成多级协同智能处理体系，针对用户类型，考虑不同请求业务特点，以天基边缘计算节点当前处理能力、缓存资源、剩余存储空间、卫星边缘节点过顶服务时长以及各节点之间的通信带宽资源为约束，为网络可用资源智能匹配待计算任务，提高服务效率。对于与星上计算密集型的业务，可考虑与地面云服务集群进行协同工作。对于宽带视频文件分发业务，可充分利用地面基站边缘服务能力，与星上计算边缘计算能力进行最优协同。

云边协同主要包括资源协同、数据协同、智能协同、应用管理协同、业务管理协同以及服务协同，如图 3-9 所示。

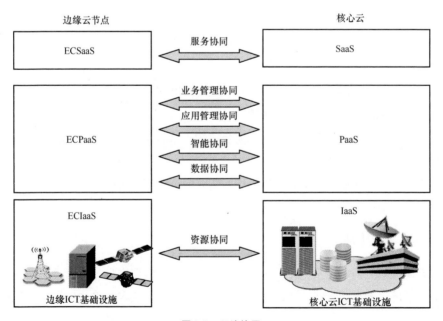

图 3-9　云边协同

资源协同：边缘节点具备星载计算、存储、网络等基础设施资源，具有星载资源调度管理能力，同时可与云端协同，接受并执行云端资源调度管理策略，包括边缘节点的设备管理、资源管理以及网络连接管理。

数据协同：边缘节点主要负责星载数据的采集，按照规则或数据模型对数据进行初步处理与分析，并将处理结果以及相关数据上传给云端；云端提供海量数据的存储、分析与价值挖掘。边缘与云的数据协同，支持数据在边缘与云之间可控有序流动，形成完整的数据流转路径，高效低成本对数据进行生命周期管理与价值挖掘。

智能协同：边缘节点按照 AI 模型执行推理，实现分布式智能；云端开展 AI 的集中式模型训练，并将模型下发边缘节点。

应用管理协同：边缘节点提供应用部署与运行环境，并对本节点多个应用的生命周期进行管理调度；云端主要提供应用开发、测试环境，以及应用的生命周期管理能力。

业务管理协同：边缘节点提供模块化、微服务化的应用/数字孪生/网络等应用实例；云端主要提供按照客户需求实现应用/数字孪生/网络等的业务编排能力。

服务协同：边缘节点按照云端策略实现部分 ECSaaS，通过 ECSaaS 与云端 SaaS 的协同实现面向客户的按需 SaaS；云端主要提供 SaaS 在云端和边缘节点的服务分布策略，以及云端承担的 SaaS 能力。

3.5.3.3　容灾备份

1. 云磁盘备份

云磁盘备份可为服务基础设施创建硬件备份，利用备份恢复丢失数据，最大限度保障服务基础设施的安全性和正确性，确保业务安全。

当服务基础设施设置备份策略时选择自动调度，则备份将根据策略自动进行，也可根据自身需求，选择手工备份。

备份的目的是在发生人为误删除等逻辑故障时，能通过备份副本恢复到故障前的时间点。数据的恢复支持恢复到原云主机/原云磁盘，支持恢复到新云主机/新云磁盘（新云服务器/新云磁盘需要用户提前申请创建），也支持从云磁盘备份副本创建新云磁盘或者从云主机备份副本创建新云主机。

2. 云服务器备份

云服务器备份可为服务基础设施弹性云服务器和裸金属服务器创建备份（备份内容包括服务基础设施弹性云服务器和裸金属服务器的配置规格、系统盘和数据盘的数据），利用备份数据恢复服务基础设施弹性云服务器和裸金属服务器业务数据，最大限度保障用户数据的安全性和正确性，确保业务安全。

3. 云服务器容灾

云服务器容灾为服务基础设施提供跨区异地容灾保护，当云主机发生故障时，可在异地容灾中心快速恢复云主机，云主机还可叠加配置本地存储双活保护，形成本地存储双活+异地远程复制存储环形容灾，当单套存储设备发生故障时，数据零丢失，业务不中断。

| 参考文献 |

[1] 杨宇. 网络虚拟化资源管理及虚拟网络应用研究[D]. 北京: 北京邮电大学, 2013.

[2] 王睿, 韩笑冬, 王超, 等. 天基信息网络资源调度与协同管理[J]. 通信学报, 2017, 38(S1): 104-109.

[3] 赵阳, 易先清, 罗雪山. 一种动态开放性天基信息系统应用体系研究[J]. 系统工程与电子技术, 2008, 30(6): 1111-1113.

[4] 刘文志. 网络虚拟化环境下资源管理关键技术研究[D]. 北京: 北京邮电大学, 2012.

[5] 余涛, 毕军, 吴建平. 未来互联网虚拟化研究[J]. 计算机研究与发展, 2015, 52(9): 2069-2082.

[6] VOUK M, AVERRITT S, BUGAEV M, et al. Powered by VCL—using virtual computing laboratory(VCL) technology to power cloud computing[EB]. 2008.

[7] BARHAM P, DRAGOVIC B, FRASER K, et al. Xen and the art of virtualization[C]//Proceedings of the nineteenth ACM symposium on Operating systems principles - SOSP '03. New York: ACM Press, 2003: 164-177.

[8] NURMI D, WOLSKI R, GRZEGORCZYK C, et al. The eucalyptus open-source cloud-computing system[C]//Proceedings of 2009 9th IEEE/ACM International Symposium on Cluster Computing and the Grid. Piscataway: IEEE Press, 2009: 124-131.

[9] CHEN Y, WO T Y, LI J X. An efficient resource management system for on-line virtual cluster provision[C]//Proceedings of 2009 IEEE International Conference on Cloud Computing. Piscataway: IEEE Press, 2009: 72-79.

[10] GHOSH R, TRIVEDI K S, NAIK V K, et al. End-to-end performability analysis for infra-structure-as-a-service cloud: an interacting stochastic models approach[C]//Proceedings of 2010 IEEE 16th Pacific Rim International Symposium on Dependable Computing. Piscata-way: IEEE Press, 2010: 125-132.

[11] 边缘计算产业联盟, 工业互联网产业联盟. 边缘计算与云计算协同白皮书 2.0[R]. 2020.

[12] 边缘计算产业联盟, 工业互联网产业联盟. 边缘计算与云计算协同白皮书[R]. 2018.

第 4 章

组网控制服务

天地一体化信息网络是面向未来的新型服务化网络，其本质是以卫星广度覆盖和地面强度覆盖优势互补为目标，采用软件与硬件解耦、网络与业务解耦等方式，以服务化模式组织并运行的网络。其中，组网控制服务以"网络可定义"贯穿网络组织的各个层面，采用软件定义网络、网络功能虚拟化等技术，建立从底层到上层全维度、可定义的灵活组网方式，保障网络组织结构在功能、性能、效能、安全等方面的软件定义、按需适配，形成业务驱动的组网控制服务新体制。

| 4.1　概述 |

从网络组织架构上看，天基网络在覆盖范围和移动接入等方面与地面网络具有极强的互补性。因此，融合地面互联网、移动通信网和天基网络的技术特点，实现天地一体的组网控制服务，提供立体覆盖、信号无盲区的通信能力，成为构建天地一体化信息网络最核心的技术需求之一。

4.1.1　天地一体统一组网面临的技术挑战

传统天基网络与地面网络各自独立发展、独立组网，不同网络系统之间互通性差，因此，需要通过统一高效的组网控制服务实现异构网络的深度融合，提升网络传输效率与性能，保证网络的灵活部署和调度，同时降低组网与维护成本。相对于独立的天基网络或地面网络系统，由于网络结构（由平面发展到立体大空间跨度）和节点能力（传输、移动、路由、覆盖等）都发生了根本性的变化，天地一体化信息网络面临着从网络架构到组网方式、业务连续性、异构网络融合等多个方面的挑战。

首先，天地一体化信息网络由各种高轨、中低轨卫星网络，以及各种形式的地面网络共同构成，其网络节点立体多层次分布、网络拓扑持续变化、不同网络功能及组网特性差异明显。因此，异构的天地一体化信息网络资源统一整合难度较大；网络控制功能分散、性能各异，难以统一组织管理；网络拓扑结构、网络用户和网络业务动态变化，资源调度困难。可见，如何高效地组织管理异构的天地网络资源、实现业务驱动的组网控制、满足不同的部署场景和多样化的业务需求，是组网控制服务面临的重要挑战。

其次，天地一体化信息网络中，天基网络节点的高速移动导致网络拓扑、网络传播时延、网络通信链路性能及稳定性等动态时变；卫星的快速移动导致频繁的通信业务承载卫星切换；如果覆盖区域内用户过多，将产生群组用户的星间切换现象。为了保障业务的服务质量，形成无缝覆盖的可靠连接，如何突破异构网络之间移动性管理的不兼容，保障网络业务的连续性是天地一体化信息网络组网控制服务所面临的另一挑战。

最后，天地一体化信息网络业务需求各异，需要提供全场景的网络服务，并根据不同的业务需求提供匹配的网络服务。因此，如何感知业务需求并按需提供相应的网络服务，以及如何实现面向天地一体化信息网络的服务质量保障机制，是天地一体化信息网络面临的又一挑战。

因此，天地一体化信息网络的组网控制方式应该简洁、高效，能够基于网络状态和业务需求的变化进行快速的构建、调度及部署。随着软件定义网络（SDN）技术的成熟，组网控制功能服务化已成为大势所趋，通过控制和转发相分离，进一步将组网和转发功能解耦，以软件服务的方式实现天地一体的组网控制，从而提升组网控制功能的灵活性和可编程能力，适应未来多样化的网络业务需求。

4.1.2　组网控制服务运行机理

为了满足天地融合灵活组网、网络资源弹性可重构的需求，天地一体化信息网络组网控制服务根据通信业务需求、网络运行状态等信息，智能适配网络资源，按需、动态地对网络拓扑和转发路由进行控制，实现业务驱动下的网络资源编排，满足通信业务的多样化需求。

天地一体化信息网络的组网控制服务模型如图 4-1 所示，智能化的组网控制服务基于网络态势感知和状态分析预测产生优化的组网控制策略，进而驱动异构网络环境下的多域协同组网编排及监测模块实现全维度可定义的组网控制。

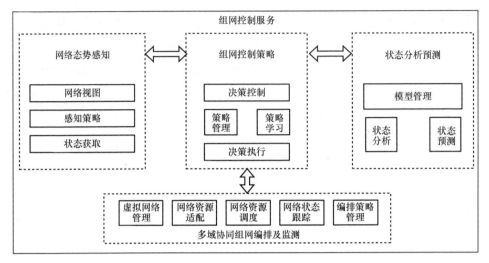

图 4-1　组网控制服务模型

组网控制服务通过多维智能感知和基于数据模型的多方协商/共享机制,结合分布式人工智能算法,实现网络态势分析,并建立多层次的全局网络资源视图,进而根据网络环境状态、业务需求等信息动态配置网络资源,实现智能化组网。此外,组网控制服务支持灵活的信息模型,通过对设备、资源、服务的抽象描述屏蔽异构网络自身的复杂性,在更高的层次上实现资源整合、服务编排、业务需求分析、业务流程管理等功能。

在组网控制服务模型中,多域协同组网编排及监测模块通过跨越异构网络的多域协同编排实现网络资源的统一调度,基于网络状态和业务需求按需配置网元功能,并根据网络资源部署策略和业务适配策略实现天基网络和地面网络的计算、存储和网络资源的协同,完成网络端到端的按需资源配置和编排,提高异构网络资源的利用效率。

| 4.2　发展概况 |

美国和一些欧洲国家的相关技术研究远早于国内。美国国家航空航天局(NASA)早在 1998 年就开始了星际互联网(IPN)和深空网(DSN)的研究工作,以在太空中基于互联网技术实现端到端的通信。目前,通过全球部署的多个战略电信港,美军的天地一体化信息网络已经能够将天基网络和地面网络连为一体,建立起一个安全可靠、标准统一、互联互通、统一管理的网络系统。

我国在该领域的研究相对较晚，特别是天基网络一直以单星／特定星座服务单一用户的方式发展，缺乏多用户、多任务、综合统筹等控制机制完成天基通信体系的协同应用，没有最大限度地发挥天基网络的应用效能。近年来，随着空间基础设施的增多，我国开始更加关注卫星系统的应用效能、天基网络架构的组织管理，强调以卫星应用需求为牵引，重视天地一体的网络系统设计、研制和应用。其中，中国科学院等相关研究机构在空间网络管理等方面做了大量工作，提出了空间综合信息网络管理体制，并在性能管理、故障定位、网络自主管理等方面进行了深入研究。中国电子科技集团有限公司启动了面向 2030 的天地一体化信息网络建设任务，并发射了试验星。随着天基网络、地面网络技术的日益成熟，《中华人民共和国国民经济和社会发展第十三个五年规划纲要》将天地一体化信息网络纳入"科技创新——2030 重大项目"。此外，2020 年我国明确将卫星互联网纳入新型基础设施建设范围，以实现支持全球无缝覆盖、高度安全可信、高机动随遇接入、区域大容量传输的信息服务能力。2021 年 4 月，中国卫星网络集团有限公司成立，专门从事天地一体化信息网络的设计、建设和运营。

4.2.1　天基网络互联技术

天基网络互联技术是天地一体化信息网络的关键技术之一，在未来的网络演进过程中，天基网络将与新一代的地面通信系统、物联网、工业互联网，以及人工智能等信息技术深度融合，形成立体化、智能化的泛在通信网络系统。目前，天基网络互联方式主要包括单层卫星网络和多层卫星网络两种，现阶段较为成熟的卫星网络普遍采用单层卫星网络方式组网。

4.2.1.1　天基网络互联方式

（1）单层卫星网络

单层卫星网络是由具有相同轨道高度的卫星星座组成的网络。单层卫星网络包括同步地球轨道（geosynchronous earth orbit，GEO）卫星网络、中地球轨道（medium earth orbit，MEO）卫星网络和低地球轨道（low earth orbit，LEO）卫星网络。典型的 GEO 卫星网络有 Spaceway、Inmarsat 等。GEO 卫星网络具有全球覆盖所需卫星数量少、传输切换少、卫星跟踪控制简单等优点，其缺点主要包括通信链路距离长、链路损耗大、传播时延大、不适合地面小功率用户等。MEO 卫星网络一般由十几颗卫星组成，典型网络主要有 Odyssey、ICO 等。相对于 GEO 卫星网络，MEO 卫星网络具有更小的传播时延。同时，相对于 LEO 卫星网络，MEO 卫星网络的切换概率更低、多普勒效应少、空间控制和跟瞄系统更为简单。LEO 卫星网络一般由几十至数百颗卫星组成，近年来国外高科技公司纷纷投资 LEO 卫星通信领域，出现了 OneWeb、Starlink 等 LEO 卫星通信系统。LEO 卫星网络链路性能优越、传播时延小、体积小，但其空间控制系统更复杂，并且投资大、系统建设周期长。

（2）多层卫星网络

各种单层卫星网络自身存在局限性，难以全面满足业务多样化、传输可靠化、覆盖全球化等需求。因此，综合各层次卫星网络的优势，多层立体卫星网络的概念被提出，即在空间上进行多层混合布星，利用星间链路建立层间、层内相互连通的立体卫星网络。与单层卫星网络相比，多层卫星网络具有更优的空间频谱利用效率及覆盖仰角。多层卫星网络的典型组网方式包括双层和三层卫星网络结构。

双层卫星网络以 LEO-MEO 双层卫星网络居多，其中，MEO 卫星之间由层内星间链路（inter-satellite link，ISL）连接，与可视范围内的 LEO 卫星通过轨内星间链路（inter-orbital link，IOL）连接，LEO 卫星间无 ISL。LEO 卫星负责与小型移动终端通信，以减少链路损失，MEO 卫星主要作为 LEO 卫星的中继，同时负责与地面站和大型终端通信。此外，相关研究还提出了一种 LEO 卫星间具有 ISL 连接的 SoS（satellite over satellite）组网结构，其特点是对于短距离业务，LEO 卫星通过 LEO 层的 ISL 进行传输；对于长距离业务，LEO 卫星则通过 MEO-LEO 层的 ISL 由 MEO 卫星进行中继。

三层卫星网络一般以 LEO-MEO-GEO 三层结构为主。MEO-MEO、LEO-LEO、GEO-MEO、MEO-LEO 之间都存在星间链路。GEO 卫星作为路由算法决策中枢，负责资源调度和路由信息分发；MEO 卫星实现全球覆盖；LEO 卫星为地面移动终端提供接入服务，承载通信业务。

4.2.1.2　天基网络互联协议

由于空间环境的限制，天基网络具有网络拓扑动态时变、传播时延大、误码率高、带宽不对称等特点，因此，天基网络互联协议的核心需求是适配苛刻的空间网络环境。

（1）CCSDS 协议

为实现空间信息技术的标准化，各国空间组织管理部门组建了空间数据系统协商委员会（Consultative Committee for Space Data System，CCSDS），负责空间信息
技术标准制定。CCSDS 开发了一系列空间数据系统标准化通信体系结构，形成了
CCSDS 协议，部分 CCSDS 协议已经成为国际标准化组织的正式标准。

早期的 CCSDS 空间数据链路协议主要包括遥测（telemetry，TM）空间数据链
路协议、遥控（telecommand，TC）空间数据链路协议，以及高级在轨系统（advanced
orbiting system，AOS）标准空间数据链路协议。20 世纪 90 年代，CCSDS 对地面
TCP/IP 进行了修改和扩展，开发了一套涵盖网络层到应用层的空间通信协议规范
（space communication protocol specification，SCPS）。SCPS 包括：SCPS 网络协议
（SCPS network protocol，SCPS-NP）、SCPS 安全协议（SCPS security protocol，
SCPS-SP）、SCPS 传输协议（SCPS transport protocol，SCPS-TP）和 SCPS 文件协
议（SCPS file protocol，SCPS-FP）等。这些协议与 TCP/IP 有着良好的兼容性和互
操作性，在底层（数据链路层、物理层）协议支持下，能够构成完整的网络模型，
实现空间通信网络与地面通信环境之间的互联。

CCSDS 协议模型自下而上包括物理层、数据链路层、网络层、传输层和应用层
5 层。CCSDS 协议可作为一个混合、匹配工具包，根据特定任务的需求，从工具包
中选择合适的协议进行组合并应用，并且每一层又包含若干个可供组合的协议。
CCSDS 协议参考模型如图 4-2 所示。

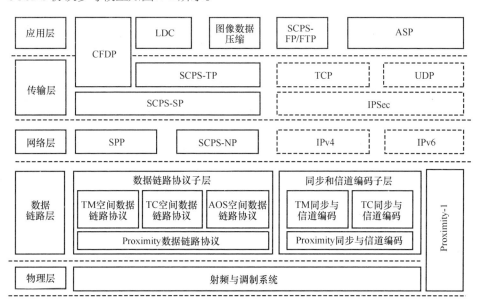

图 4-2 CCSDS 协议参考模型

（2）DTN 协议

容迟网络（delay tolerant network，DTN）由美国航空航天局喷气推进实验室提出，是一种针对空间网络环境特点设计的通信结构，具有容忍延迟、中断的特性。DTN 协议采用逐跳转发的数据传输模式，不要求发送端与接收端持续连接，利用保管传递机制保证数据传输的可靠性，当缺少直接传输路径时，中间节点暂时存储数据，等待传输机会继续转发。

DTN 协议模型如图 4-3 所示，在 TCP/IP 5 层结构中引入了束层（bundle layer）和汇聚适配层以增加 DTN 协议空间网络环境的适应能力，并通过束层与不同汇聚层协议的组合，支持不同类型网络的互联互通。束层位于应用层底部，束协议（bundle protocol，BP）是 DTN 协议栈中最重要的组成部分，包括消息转发、节点与端点、命名与寻址、路由与转发、安全等不同机制，负责应用层数据承载、路由转发等功能。BP 位于传输层协议之上，能够与各区域间的底层协议相互配合，以提供应用程序跨区通信的能力。为了匹配束层与传输层间的数据格式以及 BP 与下层传输协议的交互，在两层之间引入了汇聚适配层。汇聚适配层作为 BP 与传输层协议之间的接口，增强了底层传输协议应对空间网络环境的能力，其支持适配的协议包括 TCP、UDP、LTP、Saratoga 协议等。

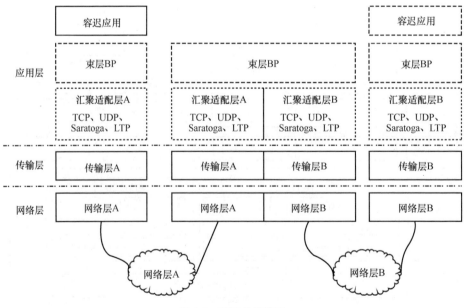

图 4-3　DTN 协议模型

4.2.1.3　天基网络路由协议

相较于地面网络，天基网络拓扑结构具有时变性，并且星载存储、计算能力相对有限，因此，地面网络路由算法难以直接应用于天基网络。目前，已有许多研究工作对星间路由技术进行了富有成效的探索，提出的星间路由协议包括 MLSR（multilayered satellite routing）协议、SGRP（satellite grouping and routing protocol）和 TDRP（time division routing protocol）等。

MLSR 协议基于每颗 GEO 卫星对 MEO 卫星的覆盖性，以及 MEO 卫星对 LEO 卫星的覆盖性，划分为 MEO 卫星分组和 LEO 卫星分组，GEO 卫星和 MEO 卫星分别作为相应 MEO 卫星分组和 LEO 卫星分组的管理者，进行基于分组的拓扑信息汇总及路由计算。SGRP 与 MLSR 协议的拓扑结构不同，仅有 LEO 卫星分组，MEO 卫星作为对应 LEO 卫星分组的管理者，负责收集 LEO 卫星分组拓扑信息，完成路由计算后下发至 LEO 分组中的各卫星。与 SGRP、MLSR 协议基本一致，TDRP 逐层进行链路状态信息汇总及路由的计算与分发，但该协议在路由计算过程中考虑了层间链路切换引起的多层卫星网络时隙划分问题。MLSR 协议、TDRP 和 SGRP 均采用了集中式的路由计算方式，高层卫星逐层汇总卫星网络整体的拓扑状态信息，进行路由计算，并将路由表逐层分发至各低层卫星。

由于多层卫星网络层间存在相对运动，层间链路频繁切换，卫星网络分组动态变化，因此，现有的多层卫星网络星间路由技术还存在许多需要解决的问题，例如，卫星运行轨迹可预知性及卫星网络拓扑变化周期性的利用，以及基于最优切换策略的卫星链路优化等。

4.2.2　天地一体化组网模式

由于卫星的种类和运行轨道多样，天基网络与地面网络运行环境存在较大差异，因此，天地一体化信息网络组网设计需要兼顾异构网络部署的灵活性和可扩展性，兼容透明转发和星上处理等传输模式，通过异构网络的柔性适配实现天地一体的动态组网。根据天基平台卫星能力的不同，3GPP TR38.811 定义了两种典型的传输架构，一种是透明转发，信号在卫星上只进行频率转换、功率放大等处理；另一种是星上处理传输，即卫星配置部分或全部路由交换功能。

目前，典型的天地一体组网模式包括以下 3 种。

（1）模式一：透明转发的独立组网，与地面网络互联互通。

工作在透明转发模式时，卫星只作为基站的射频拉远单元，完成无线信号的收发，因此星上处理简单、技术复杂度以及建网成本低。这种方案简单、成熟、可靠，但是网络灵活性差、数据传播时延大、传输效率低，并且需要较多的地面关口站。

（2）模式二：高频段星上处理独立组网，与地面网络互联互通。

这种模式不需要全球部署地面关口站，通过星间链路提供全球范围的通信服务。利用高频段、大带宽的特点，该方案能够满足车载、机载、船载，或固定接入等场景中大容量、高速率数据传输的需求，并易于根据不同业务需求进行弹性的网络部署。这种模式的主要缺点是需要星上处理，其卫星星座动态重构、协同组网、动态路由等关键技术的实现复杂度较高。

（3）模式三：中低频段星地联合组网。

该模式同样不需要全球部署地面关口站，天基网络和地面网络可联合组网，通过星间链路和地面通信网络提供覆盖全球的通信服务。例如，在 8GHz 以下频段，5G 兼容的手持终端，可以根据环境和信号变化，动态选择接入卫星网络或地面蜂窝网络进行通信。由于采用了中低频段，这种方案的带宽较小，仅适于中、低速率的数据传输。

| 4.3 组网控制服务技术特点及需求 |

天地一体化信息网络组织架构如图 4-4 所示。在物理上，天地一体化信息网络通过天地链路，将天基网络和地面网络连接成一体化的网络系统；在服务上，不再局限于特定网络类型服务特定用户的组织方式，通过综合网络服务平台，为不同需求的用户提供差异化的端到端信息传输服务。天地一体化信息网络涵盖了地面互联网、地面移动通信网，以及高轨、中轨、低轨卫星网络，因此，其组网控制服务需要在满足基本的组网控制需求的基础上，充分考虑网络异构性对网络性能的影响。

在天地一体化信息网络中，组网控制服务是所有分组路由设备、透明转发设备、光电混合交换设备等设备的"控制中枢"或"控制器"，负责网络配置和状态更新、服务路径计算与规划、设备参数设置与调整等功能。在实现上，组网控制服务可以根据网络环境进行分布式部署，如将部分控制功能部署于卫星节点（即作为星载网络控制器），以支持地面控制器不可见场景下的网络控制与调度；也可以将部分或全部控制功能部署于地面节点（即作为地面控制器）。

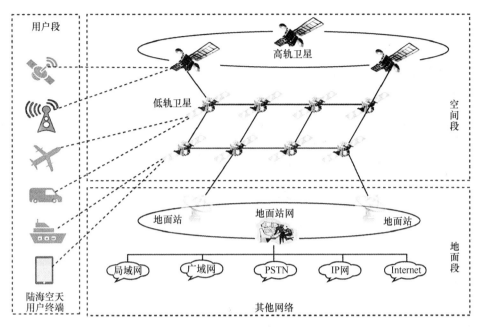

图 4-4　天地一体化信息网络组织架构

4.3.1　组网控制服务技术特点

天地一体化信息网络中，部署于空间环境的卫星节点需要兼具无线传输与路由转发功能，卫星之间通过星间链路构成卫星网络，通过星地链路与地面关口站互联。天地一体化信息网络组网控制的关键，是如何在网络拓扑动态时变，以及卫星节点资源有限的条件下，实现高效的天地一体的组网控制。

天地一体化信息网络由天基和地面两类网络组成，根据卫星的处理能力构建分层分域的协同网络架构，通过高轨、低轨、地面 3 级控制协同工作，完成异构网络统一组网。天地一体化信息网络采用服务化的组网架构，组网控制服务可以根据通信业务和网络资源按需部署，并基于不同的部署场景以及网络传输能力灵活适配业务需求，智能地弹性重构网络。天地一体化信息网络这种天地融合的组网技术，需要实现不同网络区间通信频率规划、多层网络之间的自适应路由、星地以及星间无缝切换、星地一体多级任务迁移等功能。

天地一体化信息网络具有全域覆盖、随遇接入和拓扑动态变化等特点，因此需要对异构网络资源进行统一的控制和管理。通过智能化的网络服务平台对虚拟网络资源统一管控，提高网络资源利用效率，保证网络服务能力，同时，根据业务需求和网络状态进行端到端的网络切片，保证用户的业务需求。天地一体化信息网络环境中，网络资源与业务负载的供需矛盾主要体现在两个方面。一是天基节点与地面节点资源分布不均衡，统一规划调度困难；二是网络业务多样，需求各异且不断变化，网络资源的随需调配困难。

因此，对于天地一体的组网控制服务，一是需要实现跨域异构网络资源的高效统一管理，通过合理调度不同网络系统中的资源充分发挥网络的综合效能，更好地满足复杂多变的业务需求；二是需要具备弹性高效的动态路由与移动性管理，实现能力适变的协作路由和路由重规划，以及分级垂直切换与低时延动态切换；三是需要实现高动态拓扑环境下的按需服务，基于业务感知和资源感知进行资源分配、流量控制、能力适配。

全维度可定义的天地协同网络架构具备开放可扩展、可增量部署、异构融合等能力，支持网络按需重构以及新业务的快速响应，通过按需切片、资源与业务精确适配等机制实现多样化业务的融合承载。网络切片技术依托网络虚拟化技术，针对差异化的网络业务需求，在天地一体化信息网络内部抽象出多个互相隔离的虚拟网络，在独立运维的前提下提供不同的功能、性能特性，为不同用户提供定制化的网络服务，以实现网络与业务的高度适配。

4.3.2 组网控制服务设计需求

天地一体化信息网络组网控制服务既要涵盖天基网络、地面网络组网控制的各项功能需求，又要有效应对天基网络、地面网络之间的巨大技术差异，实现敏捷、灵活、可靠以及透明的网络资源管控，因此，在组网控制服务设计方面需要满足的需求如下。

（1）弹性服务架构设计

天地一体化信息网络组网控制服务架构设计的主要难点在于天基网络体系如何组织，以及如何与地面网络有机融合，特别是搭建动态的组网服务体系，满足天地网络的异构性需求，保障海量信息实时、可靠地交互。组网控制服务设计需要考虑如下问题：①组网体系建设维护成本；②控制运行方式；③系统性能的可扩展性。

（2）灵活的任务管理、资源调度

相对于地面资源，星上资源尤为宝贵。卫星的发射成本和运行成本与其质量成正比，且入轨后资源不可扩充。随着用户对卫星业务需求的日益增多，当同一时段业务高发时，由于资源的限制，卫星将难以同时满足业务请求。因此，如何合理、充分地利用有限的卫星网络资源，最大限度地满足不同用户的业务需求，成为极其重要的问题。此外，与地面网络不同，天地一体化信息网络是高度时变的异构复杂系统，因此，传统的资源优化、调度模型和方法难以直接应用于天地一体化信息网络，需要相关技术的深入研究，并实现新的突破。

（3）抗毁性、安全性保障

天地一体化信息网络是一个庞大、复杂的网络系统，网络越庞大、越开放，就越容易受到外部攻击。为了将攻击导致的损失降到最低，天地一体化信息网络组网控制服务自身必须具备可靠的安全防护措施，例如安全路由技术、安全切换技术、安全传输控制技术、密钥管理技术等，实现服务的机密性、可认证性、数据传输的完整性、可靠性等安全目标。特别地，天地一体化信息网络由庞大、复杂的异构网络融合而成，不同的网络内部具有不同的安全体系，如何实现各种安全体系无缝融合也是一个极具挑战的问题。

| 4.4 组网控制服务功能设计与实现 |

与传统地面网络相比，天地一体化信息网络多层跨域的网络架构导致其组网控制极其复杂，网络拓扑动态时变对组网控制的灵活性、敏捷性提出了更高的要求，同时，网络设备多元异构、网络业务需求各异，以及网络资源分布不均等特性，为组网控制带来了更大的挑战。

4.4.1 天地一体的组网控制服务功能

传统网络的组网控制由专用的网络设备实现，导致其扩展困难、控制复杂、灵活性差。SDN、NFV，以及人工智能等技术的不断成熟，推动了网络组织架构及相关技术的快速发展，同时也为实现动态、敏捷的组网控制提供了全新的解决思路。

4.4.1.1 组网控制服务概念模型

在采用 SDN 技术的网络中，将数据转发和网络控制进行了解耦，控制平面可以运行在通用服务器上，数据平面运行于网络转发设备（路由器、交换机等），转发设备只负责数据转发，控制功能被完全分离到控制器中。这种架构方式使网络控制更加灵活、易于扩展，添加或修改网络协议、网络功能更加方便简单。

  SDN 架构如图 4-5 所示，分为数据平面、控制平面和应用平面，其中，控制平面是整个架构的核心，通过南向接口（southbound interface，SBI）与数据平面通信，通过北向接口（northbound interface，NBI）与应用平面通信。控制平面提供服务接入点，实现与网络业务的交互，平面中的控制器通过北向接口收集网络状态信息，并向转发设备下发数据转发规则，实现对全局网络资源的统一调度。通过控制平面提供的可编程接口，SDN 应用能够与控制器进行交互。此外，为了保证网络的可扩展性，控制平面中的多个控制器还可以通过"东西"向接口共享网络信息。

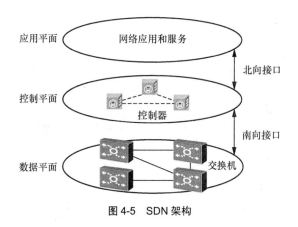

图 4-5　SDN 架构

  SDN 南向接口负责控制平面与数据平面间的交互，支撑控制器完成网络层设备的统一集中控制，执行策略定制、拓扑管理、链路发现、表项下发等操作。OpenFlow 协议作为南向接口的典型代表，实现了 SDN 交换机的集中化管理，后来又增加了 OF-CONFIG 协议，用于远程管理和配置 SDN 交换机。

  北向接口负责控制平面与应用平面间的交互，与网络应用的具体需求紧密相关。控制器向应用平面提供开放的北向接口，支持开发者编写以通信业务为导向的 "App"，从而实现多样化的网络控制及管理功能。需要注意的是，与南向接口不同，目前北向接口还没有得到广泛认可的统一标准。

  控制器是 SDN 架构的控制核心，它实现了对底层网络设备的功能抽象，并提供了开放的网络可编程接口，因此，可以认为控制器是网络的"操作系统"，运行在网络硬件设备之上，而应用平面上的各功能实体可以被认为是运行在操作系统上的应用软件，通过控制器提供的开放编程接口，完成各种通信业务所需的网络管控服务。

基于 SDN 的天地一体化信息网络架构如图 4-6 所示，网络架构涵盖天基、地面等多个层次，每个层次既能独立工作又能互联互通，通过异构网络融合，构成天地一体的多层、异构通信网络系统。

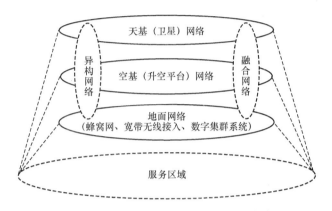

图 4-6 基于 SDN 的天地一体化信息网络架构

作为整个网络架构的核心，控制平面可以由天基和/或地面控制节点组成，其主要功能包括网络资源状态感知、网络资源调度、路由计算、网络资源动态配置等，并提供完整的网络全局视图。数据平面由海量的天基网络、地面网络节点组成，并根据控制平面下发的流表执行相应动作。采用 SDN 技术设计的天地一体化信息网络组网控制服务的技术优势如下。

（1）更好的异构网络兼容性

SDN 架构具有统一的数据交换标准和编程接口，可在异构网络环境中对各种网络设备进行统一管理。SDN 架构中的流表对二层转发表、三层路由表进行了抽象，整合了各个层次的网络配置信息，能够更好地屏蔽异构网络中不同协议的技术差异，从而有效地解决异构网络一体化组网控制问题。

（2）更灵活的路由策略

传统网络中，一般使用静态的快照路由实现网络控制，这种方法难以适应天基网络的动态时变特性。在基于 SDN 的网络架构中，通过控制器之间的信息同步，能够实时获取网络全局的状态视图，并对数据平面进行集中控制，因此，能够在高动态的网络环境中实施更灵活的动态路由策略，如负载均衡、多路径并发、动态路径规划等。

（3）动态高效的网络配置

天基网络节点资源有限，但天基网络业务却在快速增加，业务处理的复杂性不断增长，这使得天基网络资源的组织调度任务日益繁重。控制与转发分离的 SDN 架构能够有效地解决上述问题。根据网络环境变化，通过控制平面动态调整网络配置，基于卫星节点负载和可用资源状态，实时控制数据流向，从而优化网络资源的利用效率，提升网络业务的服务质量。

（4）敏捷快速的网络状态响应

当网络拓扑发生变化或需要扩充时，拥有全局网络视图的控制平面能够快速地更新网络配置，保证新设施透明、无缝地接入当前网络系统；当网络节点失效或发生故障时，控制平面能够及时对网络进行调整，如分配相邻节点承担失效节点覆盖区域，或及时替换失效节点，以保证网络业务的持续性。

4.4.1.2 组网控制服务设计

天地一体化信息网络全景组网视图如图 4-7 所示，从异构网络融合的角度来看，组网控制服务需要打破天基和地面网络各自封闭的局面，在逻辑架构、功能部署、协同服务 3 个维度上设计一体化的组网控制服务。在技术特点方面，需要采用统一的逻辑控制实体，采用组网控制功能通用化、服务接口标准化、控制过程柔性化等手段，实现天基网络、地面网络的灵活控制、资源共享。

图 4-7　天地一体化信息网络全景组网视图

基于 SDN/NFV 技术的天地融合组网控制如图 4-8 所示。天地一体化信息网络中,组网控制服务利用控制平面的网络全局视图,采用多层 SDN 控制器协同的方式,实现异构网络资源的统一调度,根据业务需求和网络资源分布进行端到端的网络切片。在业务需求和网络资源管控的双重驱动下,通过组网控制服务,天基网络和地面网络将在业务、服务、资源 3 个层次上进行融合,实现在保证业务服务质量的同时提高网络资源的利用效率。

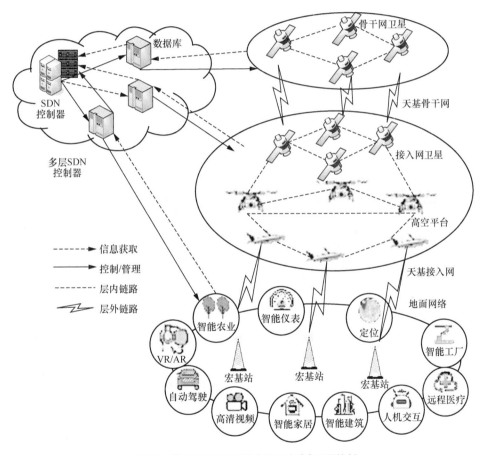

图 4-8　基于 SDN/NFV 技术的天地融合组网控制

在组网控制服务架构中，基于 NFV 等虚拟化技术，将异构网络中的通信、计算、存储等物理资源以及各种网络功能实体虚拟化，以支持虚拟资源的统一管理和控制。同时，基于 SDN 架构，在逻辑上实现各种虚拟资源的集中控制，并通过

天地一体化信息网络通信服务技术

开放的南北向接口完成网络资源的柔性编排和智能重构，以实现网络资源和业务
需求的动态适配。

此外，为了适应异构、动态的网络环境，组网控制服务还需要引入智能化的感
知技术，实时感知业务负载和网络资源的状态变化，为路由转发、资源编排等功能
提供支持。天地一体的组网控制服务架构如图 4-9 所示，由基础设施子层、控制子
层和应用子层 3 个层次组成。

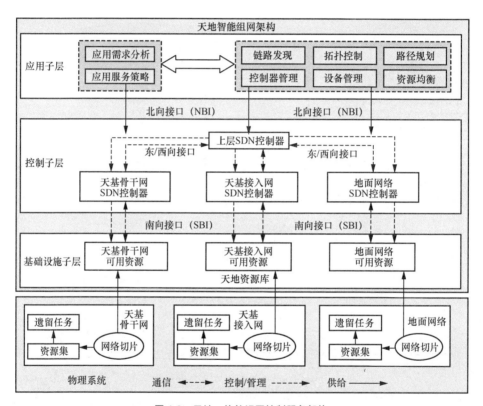

图 4-9　天地一体的组网控制服务架构

基础设施子层主要负责管理网络的通信、计算、存储等网络资源。天地一体化
信息网络所固有的动态和异构特征，导致该层的"资源池"展现明显的时变特性。
因此，需要利用虚拟化技术将物理资源抽象为逻辑资源，并在控制子层动态地完成
虚拟和物理资源的映射，最终形成全局化的网络资源视图。

在控制子层，SDN 控制器以分布式的方式进行组织，根据地理位置、服务场景
等划分为不同的控制域，从而满足各种通信业务不同的控制需求。SDN 控制器通过

南向接口控制各自的底层物理资源。考虑天地一体化信息网络中网络的异构性，南向接口需要针对异构网络的特点予以优化，以满足天基网络、地面网络的差异性需求。此外，对于组网控制来说，还需要合理解决控制器的控制范围和控制粒度、不同控制器之间的统一协调，以及复杂网络环境中控制器的架构层次等问题。

在组网控制服务架构中，控制子层能够感知可用资源和业务需求，因此，通过网络切片技术构建相互独立的虚拟网络，并动态地配置所需网络资源，进一步提高了网络资源的利用效率和控制的灵活性。更进一步，将网络切片技术应用在应用子层，则可以为不同的通信业务定制"专属"的复合型网络服务，各个网络切片在逻辑上互相独立、互不影响，不同切片以专有的网络服务满足不同业务的需求。

应用子层面向各种通信业务，分析、提取业务特征及需求，规划网络资源配置策略，并通过北向接口与控制子层进行交互。在应用子层，各种业务需求首先被"翻译"为组网控制的资源调度需求，结合对基础设施子层网络资源状态的感知，实现面向具体通信业务的"资源适配"，完成链路发现、拓扑控制、路径规划等各项工作。在应用子层，适配策略进一步被"解释"为控制子层能够理解的调度指令，经由北向接口下发至控制子层，通过控制器完成网络资源的按需部署和配置。

4.4.1.3　组网控制服务功能组成

为了满足天地一体化信息网络的多样化业务传输需求，组网控制服务需要从分级分布路由算法、端到端的网络切片控制、跨域异构网络资源的全局调度等多个方面，进行统一的规划和设计。此外，考虑网络环境的高动态和多域部署特性，需要在组网控制服务中引入智能化的网络资源多域协同编排调度技术，以及基于人工智能的按需路由策略、基于群组特征的路由预测技术等，以增强组网控制服务的服务能力和效率。

由于天基骨干网、天基接入网以及地面网络的特点和能力各不相同，组网控制服务在整体上应该采用分布式的功能架构，根据网络特性配置组网控制服务的功能或功能模块。为了维护不同控制域网络的操作一致性，组网控制服务需要在逻辑上对分布的控制器实现统一的管理，或在不同控制域的控制器之上引入更高层次的控制器。

根据天地一体化信息网络的特点，整体上可以将组网控制服务划分为 2 个大的控制域，即天基网络控制域和地面网络控制域，并各自采用不同的控制器组织方式。

对于天基网络，可以利用 GEO 卫星更广阔的覆盖范围，将控制器部署在 GEO 卫星网络节点上，实施天基网络的集中管理。GEO 卫星上的控制器通过星际链路收集、获取各卫星链路和卫星节点的状态，并向 LEO 卫星发送控制指令。必要时，相关控制信息还可以通过星地链路发送给位于地面的全局主控制器，或接收来自全局主控制器的指令。

地面网络的控制器主要负责管理各种地面网络中的网络设备。另外，天地一体化信息网络的全局主控制器也应该部署在地面网络中，控制网络全局，根据所有控制域的网络资源分布、链路状态等信息，执行跨域操作，如负载均衡、全局网络资源重构等。

组网控制服务功能框架如图 4-10 所示，组网控制服务作为通信服务的重要组成部分，通过与其他网络服务，如会话控制服务、接入控制服务等，相互支撑、彼此协同，共同为各种通信业务提供支持。组网控制服务在整体上应该具备以下能力。

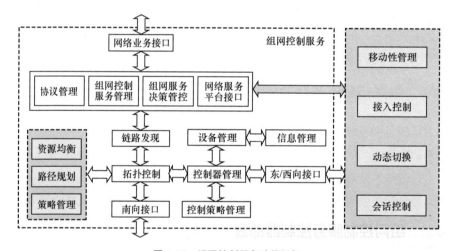

图 4-10　组网控制服务功能框架

- 全局网络状态信息的管理和维护。全局网络状态信息包括大量的配置、状态、控制、策略，以及日志等信息。在天地一体化信息网络这种庞大、复杂、异构、动态的网络环境中，这些信息的及时更新、安全可靠的保存以及传输等，都需要组网控制服务具有强大且可靠的管理和维护能力。
- 提供高层次、智能化的数据处理及决策模型，以及安全可靠的决策策略测试、学习以及自主进化机制，保证组网控制服务自主适应动态网络环境下的资源分配、调度和管控需求。

- 标准的网络服务调用接口，保证各种通信业务及应用能够以统一的行为方式获取所需的网络资源。

- 标准统一的交互机制，网络服务各组成部分或部件之间，通过标准接口实现信息同步，以保证整体行为和状态的一致性、协同性。

- 组网控制服务自身必须具备鲁棒性。在环境动态变化、资源受限的条件下，链路发现、拓扑控制、路径规划、资源均衡等组网控制服务功能必须能够可靠、安全、稳定地运行。

此外，基于天基网络的特点，在天基网络组网过程中需要考虑以下几个方面。

- 天基网络依据到地面的不同高度，分成不同的卫星层，并且每层卫星有多个轨道面，组网控制时需要考虑层内以及层间的不同通信特点。

- GEO 卫星距离地面约 3.6 万千米，高度比 MEO 卫星和 LEO 卫星高很多，所以覆盖地球表面面积更大，并且和地球相对静止，但是更远的距离导致信息在空间中的传播时延更长，通信的可靠性、安全性等问题也更加突出。

- MEO 卫星和 LEO 卫星与地面的距离远小于 GEO 卫星，信息传播时延较小。但是由于其轨道高度较低，对地球表面的覆盖范围也更小，并且卫星和地球之间更快的相对运行速度使得星地、星间链路切换更频繁，拓扑变化更剧烈，增加了组网控制、资源调度的复杂程度。

- 受所处环境和技术条件的制约，卫星节点的业务和服务承载能力极其有限，随着通信业务类型和业务量的快速增加，卫星系统自身的资源将成为各种网络服务能力的性能瓶颈。

4.4.2　组网控制服务控制器部署

天地一体化信息网络中,物理上完全集中的组网控制服务将产生系统性能瓶颈、系统安全等隐患。因此，需要根据网络特点设计部署方案，合理规划组网控制服务的分布和位置，以满足组网流程的控制需求，确保控制信息的及时下发。

（1）区域自治的分层式控制结构

这种结构根据卫星轨道的高度划分不同的控制层次，每层相当于一个局域网，层内可以设置多个组网控制服务，组成控制集群，集群内部的每个服务负责控制各自直属的网络节点。针对同一层内的组网控制集群，基于负载均衡策略推举出该层的主控制服务，并且各组网控制服务通过东/西向接口实现控制信息的同步共享，创建全局网络拓扑。各组网控制服务直接下发层内流表至直属网络节点，层间通信需要通过主控制服务转发到其他层，在不同层之间建立组网控制服务集群之间的连接，集群内任意组网控制服务都可以跨域操作。

分层式结构将卫星网络的动态性对底层物理网络节点进行了隐藏，因此只需要考虑层内、层间组网控制服务之间的动态性问题，降低了问题复杂性。但是，组网控制服务的数量随着卫星规模的扩大而增多，系统成本和处理负载也相应增加，为避免网络性能下降，需要合理地均衡组网控制服务所产生的控制负载。

（2）GEO 与地面站双控制平面结构

在这种结构中，地面控制系统采用扁平型结构，每个组网控制服务实现相同的功能。GEO 控制平面采用层次型结构，局部组网控制服务无须掌握网络全局视图，以减轻卫星节点负载，并降低存储流表项的压力。通过设置地面公共数据库，支持 GEO 主控制服务定期更新设备和链路信息。此外，当 GEO 主控制服务出现故障后，可以从地面数据库中读取网络信息恢复与其他组网控制服务的通信，从而提高了网络的可靠性。这种结构需要在现有组网控制服务的功能模块基础之上，增加数据备份恢复模块并提供内部接口，以便对网络可靠性相应功能的扩展。

（3）多域控制结构

这种结构将组网控制服务分布式地部署于 GEO 卫星和地面网络，通过主控制服务对各个网络域资源进行统一控制，实现全局网络的灵活、智能、可重构的组网控制。多个组网控制服务的部署可以实现备份机制，有效解决天基网络单个组网控制服务故障难以及时处理的问题。通过分析平均传播时延和网络可靠性等因素，主控制服务能够在网络全局上实现联合优化、性能均衡，并减少网络控制开销，提高网络控制效率。

┃ 参考文献 ┃

[1] 张然, 刘江, 杨丹, 等. 基于软件定义网络的卫星通信网络综述[J]. 数据与计算发展前沿, 2020, 2(3): 7-21.

[2] 陈晨, 谢珊珊, 张潇潇, 等. 聚合 SDN 控制的新一代空天地一体化网络架构[J]. 中国电子科学研究院学报, 2015, 10(5): 450-454, 459

[3] 任容玮. 基于 SDN 的空天网络控制器的设计与实现[D]. 北京: 北京邮电大学, 2015.

[4]　杨虹. 面向复杂空天地一体化网络的 SDN 控制器的研究[D]. 北京: 北京交通大学, 2018.

[5]　张寒, 黄祥岳, 孟祥君, 等. 基于 SDN/NFV 的天地一体化网络架构研究[J]. 军事通信技术, 2017, 38(2): 33-38.

[6]　许方敏, 仝宗健, 赵成林, 等. 软件定义天地一体化网络: 架构、技术及挑战[J]. 中兴通讯技术, 2016(6): 1-8.

[7]　杨丹, 刘江, 张然, 等. 基于 SDN 的卫星通信网络: 现状, 机遇与挑战[J]. 天地一体化信息网络, 2020, 1(2): 8.

[8]　刘杨, 彭木根. 星地融合智能组网:愿景与关键技术[J]. 北京邮电大学学报, 2021, 44(6): 1-12.

[9]　王翔, 申志伟, 朱肖曼, 等. 卫星互联网组网技术研究[J]. 信息通信技术, 2021, 15(2): 36-43, 64.

[10]　史立. 空间数据通信与组网技术研究[D]. 北京: 中国科学院计算技术研究所, 2006.

[11]　朱立东, 张勇, 贾高一. 卫星互联网路由技术现状及展望[J]. 通信学报, 2021, 42(8): 33-42.

[12]　LIU J, SHI Y, FADLULLAH Z M, et al. Space-air-ground integrated network: a survey[J]. IEEE Communications Surveys & Tutorials, 2018, 20(4): 2714-2741.

[13]　时永鹏. 空天地一体化网络中网关与 SDN 控制器的优化部署[D]. 陕西: 西安电子科技大学, 2018.

[14]　虞志刚, 冯旭, 黄照祥, 等. 通信、网络、计算融合的天地一体化信息网络体系架构研究[J]. 电信科学, 2022, 38(4): 11-29.

第 5 章

接入控制服务

天地一体化信息网络的目标是实现信息传输的全球无缝覆盖，满足各类用户任何时间、任意地点的随遇接入。为了在复杂、动态、异构的网络环境中提供无中断、高质量、广覆盖的信息服务，面向天地一体化信息网络的接入控制服务需要以多手段融合接入为纽带，深度融合移动性管理及动态切换控制功能，共享接入资源，彼此支撑，为各类用户提供低开销、高效率的持续网络连接。

|5.1 概述|

天地一体化信息网络是多种异构网络共同组成的复杂网络系统,以地面网络为基础、天基网络为扩展,实现多种异构网络无缝融合,其网络架构复杂、组网动态,天基网络和地面网络在各个方面差异明显,是一种多接入的新型融合网络。天地一体化信息网络融合接入架构如图 5-1 所示。

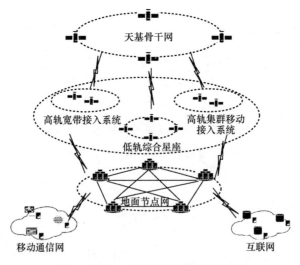

图 5-1　天地一体化信息网络融合接入架构

传统网络接入控制是网络系统与用户"最后一公里"连接所采用的技术，是为了提供端到端的网络连接必须要解决的关键问题。一般来说，传统网络接入控制需要解决 3 个方面的问题。（1）访问控制：根据用户身份、接入时间、接入地点、终端类型、终端来源、接入方式等精细匹配用户，控制用户能够访问的网络资源；（2）身份认证：对接入网络的用户身份进行合法性认证，只有合法用户才允许接入，身份认证是网络服务安全的基本需求；（3）终端安全检查和控制：对用户终端的安全性进行检查，只有"健康、安全"的用户终端才可以接入网络，获取所需的网络服务。可见，传统网络中接入控制所面对的主体是各种类型的网络用户。

不同于传统网络，天地一体化信息网络是以地面网络为基础、以天基网络为延伸，覆盖太空、空中、陆地和海洋等自然空间，为天基、空基、陆基和海基等各类用户提供通信的网络基础设施。天地一体化信息网络各组成部分架构方式不同，并且包含多个层次体系，是一种从地面到天基的综合大范围复杂网络。因此，天地一体化信息网络需要充分考虑各层次网络的差异，实现天基网络、地面网络的时空基准统一、异构网络接口与接入方式融合，从而保证用户能够通过天基或地面接口便捷地访问网络系统，实现天基、地面的全覆盖。

天地一体化信息网络中，卫星节点的动态性导致网络拓扑持续剧烈变化，不同类型卫星可提供的网络服务能力差异巨大，导致天基网络系统自身具有显著的大时变、高时延特性，难以直接采用地面网络中的接入控制和移动性管理体系对其控制。因此，组网控制服务需要将各种类型不同、功能各异的网络系统组织起来，透明地为用户提供所需的数据传输服务。接入控制服务则是在组网控制服务的基础之上，通过屏蔽天基网络动态变化对用户连接产生的不利影响，满足不同移动用户信息传输的持续连接需求。

| 5.2　技术需求 |

天地一体化信息网络建设要求指出，天基网络与地面网络不再是独立的"天上地下两张网"，而应该是融合发展为各类用户提供统一访问和综合应用信息资源的"一张网"。因此，在移动通信技术开始步入 5G 并展望 6G 之际，天基网络也必须从过去功能单一、运行高度依赖地面站的孤立网络系统，向与地面网络深度融合、服务功能多样、便于扩展的网络系统方向发展。

目前，天地一体化信息网络建设所面临的挑战主要来自天基网络，包括信息传输距离远、星上处理能力受限、天基网络节点高度动态、空间传输非对称，以及天基网络、地面网络目前仍彼此独立等。

实现天地一体的网络融合所涉及的技术十分广泛，其中，接入控制技术是天地一体的网络融合的基础。天基网络环境和地面网络环境差异巨大，具有链路损耗大、时延大、高度动态等特点，导致传统地面网络中的接入和切换技术难以满足多层天基网络的需求。

此外，天地一体化信息网络中，卫星节点的计算资源、星间及星地链路资源极其宝贵，难以满足传统的接口协议及控制机制的资源需求，因此需要设计具有高动态、低消耗特性的轻量级接入控制服务。天地一体化信息网络接入控制服务组成如图 5-2 所示。

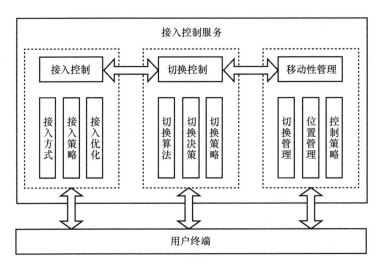

图 5-2   天地一体化信息网络接入控制服务组成

5.2.1   接入控制

相比于单一的天基网络或地面网络，天地一体化信息网络的终端和网络节点类型多样，网络环境动态复杂，接入控制服务实现的复杂性更高。

天地一体化信息网络中，用户终端位置分散、信道条件各异、传输覆盖范围和传输能力差异明显，导致各种终端的接入服务质量难以保证一致，对于采用低功耗设计的移动终端尤其突出。此外，天基网络和地面网络自身的接入性能也差异巨大，面对类型众多的异构接入网络，难以实施统一的接入控制策略。终端和接入网络高度异构，以及接入资源的分布不均衡，可能导致网络中各区域的接入能力差异明显，产生接入优化问题。

另外，在接入链路资源分配和调度过程中，还需要充分考虑天地一体化信息网络的异构、动态特性，利用时变资源图等方式描述天基网络资源的演变，并与地面可用资源一体优化调度，动态地实现不同业务所需的差异化接入。

5.2.2　切换控制

除了传统网络环境的切换需求，天地一体化信息网络环境中，动态切换控制更大的挑战来自于天基网络自身、天基网络与地面网络之间拓扑及传输链路的动态变化，以及异构网元间的服务能力不均衡。各种卫星节点、终端及网络功能节点持续相对运动，为了保障网络业务的连续性和质量，需要高效快速地完成切换，从而实现任何时间、任意地点的不中断网络服务。

动态切换技术在保障服务连续性的同时，也增加了网络控制负载，特别是对于各种资源受限的天基网络平台，因此，针对动态切换技术的研究需要重点关注如何在尽量减少切换开销的同时，提高网络系统动态切换服务的性能和效率。

为网络业务提供不间断的通信服务这一目标，不仅需要实现高效的动态切换，同时，还依赖于移动性管理技术的支持。天地一体化信息网络中，卫星相对地面持续高速运动，各类移动终端甚至网元节点也在不断移动，形成了复杂的多维度、多尺度动态特性，因此，动态切换过程中，需要移动性管理服务在接入端和移动端提供相关信息，并给予技术支持。由此可见，天地一体化信息网络环境中，切换控制、动态接入控制，以及移动性管理，不能作为彼此独立的网络功能实体，必须以控制数据流为纽带，共享资源、深度融合、彼此支撑，形成完整的接入控制体系，以提高网络资源的利用效率，降低链路切换控制开销。

此外，采用移动性预测进行切换决策是一种降低切换时延的有效方法，通过提前预测移动终端的位置，为移动终端预留网络资源并执行预切换，从而提高服务质量。一方面，卫星运动是可预测的，有助于在端点之间选择最优切换时机和路径，避免不必要的切换；另一方面，可以通过对个性化业务、多样化移动场景，以及复杂切换环境的预测，提高切换效率。

5.2.3 移动性管理

地面网络中的移动性管理只考虑了终端的移动性，没有考虑网络节点的移动性。此外，地面网络节点的存储和计算能力相对强大，易于集中存储和处理各类复杂移动性管理信息。天基网络环境中，终端与网络节点相对移动，并且天基网络卫星节点在计算、存储和数据传输能力上同地面网络节点相比差距明显。此外，网络节点不断移动，卫星间的连通关系不断改变，导致可能出现卫星中断、失联等情况，进一步增加了移动性管理的难度。因此，天地一体化信息网络的移动性管理，不能照搬传统地面网络的架构和方案，需要结合其自身特性进行全面的研究和探索。

当前天基网络的移动性管理技术更多地借鉴了 IP 网络，采用集中式的移动性管理架构，这种架构难以应对天地一体化信息网络环境中，双移动、广覆盖以及需求非均匀等因素导致的复杂移动场景，同时，面临扩展性低、信令开销大、管理力度不足等问题。

近年来，一种广受关注的技术思路是以卫星为切换锚点、地面网关为位置锚点，采用标识与位置分离的思想，基于分布式的移动性管理架构，实现对移动终端和网络节点动态、分布式的管理。此外，相关研究还提出了基于固定虚拟附着点的移动性管理方法，将移动终端的位置绑定分为移动终端与固定虚拟附着点的绑定，以及移动卫星与固定虚拟附着点的绑定，从而屏蔽卫星移动对终端接入的影响，降低绑定更新开销。

移动场景预测方面，针对具有相同运动特征的用户，利用组群质心向目标位置运动预测的质心目标模型，能够减少多用户移动性管理中形成的重复开销。针对业务特征、移动场景的研究能够为移动性预测提供有效的支持，综合考虑终端侧移动与业务预测信息、网络侧运动与状态预测信息，是应对双移动现象的一种可行解决方案。

此外，在面向泛在互联的网络环境中，可以充分利用异构融合网络（地面蜂窝网、无线局域网、卫星网络）各自的优势，增强对终端的移动性支持。一方面，终端可以选择切换到最佳的无线接入网络；另一方面，终端可以同时保持与多个无线接入网络的连接，甚至终端中不同的应用可以使用不同的网络连接。

|5.3 天地一体化信息网络异构融合接入 |

相比于单纯的天基网络或地面网络，天地一体化信息网络中不同的接入手段在性能、功能和运行环境等方面差异巨大，导致为用户提供无感、持续的网络连接的技术难度更高。因此，天地融合的网络接入服务必须充分考虑不同网络、不同用户的不同接入需求，提供快速、高质量的接入服务。

5.3.1 地面互联网接入技术

地面互联网一般特指"Internet"，源于美国国防部高级研究计划局（DARPA）建设的，旨在实现不同体系结构网络之间"互联互通"的阿帕网（ARPANET）。基于"分组交换+TCP/IP"为核心的体系架构，互联网实现了各类异构网络的网际互联，并与传统电话网、广播电视网融合，成为全球最重要的信息基础设施。地面互联网的分层接入体系结构如图 5-3 所示，按照网络节点的功能进行划分，主要包括接入层、汇聚层和核心层，具体如下。

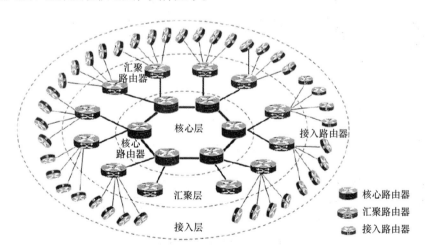

图 5-3 地面互联网的分层接入体系结构

（1）接入层：是用户接入网络的"入口"，通过光纤、双绞线、同轴电缆、无线电波等传输介质实现用户与网络之间的连接，进而为用户提供服务。

（2）汇聚层：是接入层与核心层之间的"中介"，通过对接入流量实施汇聚、清洗、安全和过滤等各种操作，有效减轻核心层的负荷。

（3）核心层：是整个网络系统的"骨干"，实现骨干网之间的优化传输，是所有流量的最终承载者和汇聚者。为满足系统的可靠性需求，核心层通常需要采用冗余设计。

5.3.2 地面移动通信网接入技术

地面移动通信网是覆盖范围最广的陆地公用移动通信系统。在地面移动通信网中，覆盖区域一般被划分为类似蜂窝的多个小区，每个小区内设置固定的基站，为用户提供接入和信息转发服务。基站一般通过有线的方式连接到核心网，核心网主要负责用户的签约管理、互联网接入、移动性管理和会话管理等功能。地面移动通信网的接入如图 5-4 所示。

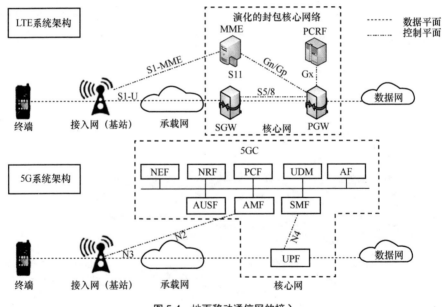

图 5-4　地面移动通信网的接入

地面移动通信网架构在功能上主要包括接入网、承载网和核心网，物理上相对应的设备分别是基站、路由器和核心网设备，如 4G 时代的移动性管理实体（mobility management entity，MME）、分组数据网络网关（packet data network gateway，PGW）

等设备，以及 5G 时代的用户面功能（user plane function，UPF）、接入和移动性管理功能（access and mobility management function，AMF）等功能网元。

（1）接入网：即无线电接入网（radio access network，RAN），负责广域分布的无线覆盖、无线信道的资源管理、无线信号的发送接收，以及编码、译码等功能，相关的物理实体主要包括各类无线终端和基站。其中，无线终端与基站之间的天线及空中接口体制是移动通信领域研究的热点。

（2）承载网：即分组传送网（packet transport network，PTN），作为接入网与核心网之间的传输通道，主要负责对各种信息和信令的按需传送。

（3）核心网（core network，CN）：是整个网络的管理中枢，负责无线资源管理、移动性管理、接入控制，以及会话管理等核心功能。同时，核心网还可以对外提供互联网接口。

5G 时代，地面移动通信网采用了统一的技术标准，具有超高速率、超大连接、超低时延三大特性，核心网采用了颠覆性的服务化架构。2020 年，随着 5G 的逐步商用，未来 6G 的研究成为行业新的关注热点。当前各国已竞相布局，开展相关研究工作，3GPP、ITU 等国际标准化组织也对 6G 网络技术的相关研究方向进行了深入探讨。当前产业界的主流观点认为，在未来网络中，地面移动通信网一定会与天基网络融合，实现天地一体的立体化网络系统。

5.3.3　天基网络接入技术

天基网络是以卫星通信节点为核心的通信系统，由空间的地球同步轨道卫星、中轨/低轨卫星组成，形成一个多层次、多连接的多源数据传输和处理系统。卫星具有星上处理、交换和路由能力，卫星之间具有星际链路并形成星座。天基网络主要分为天基骨干网、天基接入网、地面网络 3 个部分。天基骨干网由布设在地球同步轨道的若干骨干节点联网而成，具备宽带接入、数据中继、路由交换、信息存储等功能。天基接入网由布设在高轨、中轨、低轨的若干节点组成，负责连接地面以及其他用户的接入处理。地面网络主要是指地面关口站，负责完成网络控制、资源管理、协议适配等功能，并与地面其他通信系统进行互联互通。

天基网络接入如图 5-5 所示，主要涉及空间段、用户段和地面段之间的接入连通。

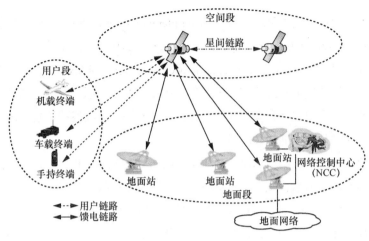

图 5-5　天基网络接入

（1）空间段：是天基网络的主体部分，主要由布设在高轨、中轨或低轨的卫星节点组成，卫星之间根据星座构型建立星间链路，构成一张天基网络。卫星作为天基网络的核心资产，一直面临着造价高、功耗受限、空间环境复杂和难以维修等诸多挑战。

（2）地面段：是天基网络的地面部分，主要由建设在地球表面的机动或固定关口站组成，关口站之间通过铺设或者租赁光纤资源形成一张连通的地面网络。

（3）用户段：是天基网络的终端部分，主要由接入天基网络的手持、车载、船载、机载、星载卫星终端以及各种应用系统等组成。

本质上，天基网络接入控制属于无线资源管理的范畴，直接关系移动用户的服务质量和通信系统的性能。其主要工作是为用户选择合适的卫星波束，在波束中分配最优的信道，以及确定用户和卫星的发射功率等。

5.3.4　天地融合接入技术

天基网络和地面网络的融合接入存在多种方案，多种融合接入方案在演进过程中可能长期共存，并实现深度融合。天地融合接入如图 5-6 所示，主要有 3 种融合接入方案，最简单的接入方案是天基网络作为地面基站和一体化核心网的回传，或作为地面有线回传的备份；第二种方案中，卫星以 Non-3GPP 接入的方式接入一体化核心网，与地面移动网络共用一体化核心网；第三种方案中，卫星以 3GPP 接入的方式，作为特殊的基站接入一体化核心网，这种融合方式是卫星网络与地面网络的深度融合方式。

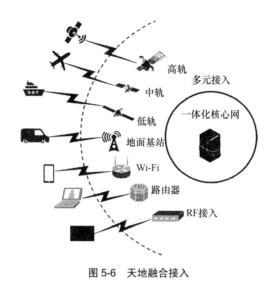

高轨
多元接入
中轨
低轨
一体化核心网
地面基站
Wi-Fi
路由器
RF接入

图 5-6　天地融合接入

5.3.4.1　卫星回传接入技术

卫星回传在 3G、4G 网络中已经有较为普遍的应用，主要用于应急通信或者边远地区的回传。例如，在山区、海域等光传输网络难以抵达的地区，3G、4G 基站回传需要使用卫星接入核心网。除上述应用场景外，卫星回传还可以作为有线传输的增强补充。随着低轨卫星的大量部署，考虑低轨卫星的容量大、时延低，卫星回传很可能成为未来网络的普遍应用场景。

当卫星作为地面基站节点与地面核心网节点间的回传时，卫星连接可能无法为所有数据流提供其所需的服务质量（QoS），因此，核心网需要感知其和基站之间的链路类型及其 QoS 能力。在用户接入或会话建立时，网络根据用户和会话类型以及当前网络的 QoS 能力，为终端下发特定的 QoS 参数，或采用特殊的接入策略。当用户在卫星回传基站和有线回传基站之间移动时，核心网根据用户和会话类型以及回传类型，为用户及会话选择特定的数据面锚点，或者实施特定的切换策略。

5.3.4.2　卫星作为 Non–3GPP 融合技术

在地面基站难以部署的场景下，终端需要直接与卫星通信。由于卫星通信协议栈与地面移动通信网协议栈的差异较大，地面移动通信网协议栈的卫星通信化改造在标准、方案、产品等层面都面临着巨大的挑战，反之亦然。这种情况下，卫星网络与地面移动通信网可以采用以下两种方式进行融合。

第一种方式是卫星网络和地面移动通信网相互独立，彼此通过互联网关互通。互联网关完成卫星网络和地面移动通信网的协议转换和适配，卫星终端用户可以与地面移动通信网用户直接建立通信连接，从而实现天基网络和地面网络在用户层面的互通。

第二种方式是卫星网络和地面移动通信网采用统一的核心网，从终端能力来看，终端以非 3GPP 接入，通过采用和地面移动通信网一致或者不一致的非接入层（non-access stratum，NAS）协议接入统一的核心网，当采用不一致的 NAS 协议时，需要在核心网侧部署中间网关进行协议转换。

5.3.4.3　卫星作为 3GPP RAT 融合技术

随着卫星成本的降低以及处理能力的增强，移动设备将能够直接与低轨卫星通信，不必依赖于受地理分布限制的地面基站。

为了简化网络架构和信令流程，实现用户无感的统一接入，并对网络资源和功能进行统一智能的调度，卫星可以作为 3GPP RAT 与地面移动通信网统一接入核心网。这是卫星网络与地面网络的深度融合方式，卫星参与构成一种特殊的 3GPP 基站，空口采用 3GPP 增强协议，基站的部分或全部功能部署在卫星上。同时，核心网的架构、功能、接口需要结合卫星接入的特点进行增强和优化，提供增强的移动性管理、会话管理、多连接管理等服务。这种融合方式需要实现新型的移动性管理与会话管理方案，通过多链路、异构传输及卫星与地面网络间业务流的智能分发提升用户体验。

5.3.5　接入策略

在天地一体化信息网络中，卫星网络的随机接入是关键技术问题之一，典型的卫星网络接入策略有以下几种。

（1）按需分配的接入

用户向网络请求用于上行链路传输所需的资源，网络侧根据不同用户对所需资源的请求分配不同的信道资源。这种方式具有动态分配的特性，能够在一定程度上节约信道资源。

（2）最短距离优先接入

用户选择距离最近的卫星接入，理论上距离越近，卫星信道质量越好，接收信号的强度也越强。这种方式只需要检测卫星信号的信噪比，实现简单，但在距离最近的卫星没有空闲信道的情况下，用户将频繁地发起接入与切换请求，导致接入效率降低。

（3）最长覆盖时间接入

当用户被多颗卫星同时覆盖时，根据星历信息计算卫星覆盖某一小区的可视时间，进而选择覆盖时间最长的卫星接入。这种方式可以避免用户在通信过程中频繁切换，并降低掉话率。

（4）负载均衡接入

用户选择覆盖卫星中空闲信道数量最多的卫星接入，从而均衡低轨卫星网络中单个卫星所承载的业务量。

上述各种卫星接入策略只考虑了单一因素，在天地一体化信息网络中，随着卫星通信与地面通信协议的逐步融合统一，特别是基站上星后，卫星之间可以经由星间链路交换控制信息，因此，可以采用综合加权的接入策略同时考虑多种策略，提高天基网络接入效率和质量。

5.4　动态切换技术

为了实现天地一体化信息网络无中断、高质量的连接服务，动态切换控制技术尤为重要。目前，针对天基网络动态切换技术的研究尚不成熟，基本上是对传统网络切换策略和算法的优化和拓展，考虑天基网络与地面网络显著的差异，这些策略和算法难以从根本上满足天地一体化信息网络的动态切换需求，因此还需要更加深入的研究。

5.4.1　动态切换策略

在天地一体化信息网络中，实现动态切换的关键在于切换过程所选择的切换策略和切换过程的控制算法，现有的切换选择策略可以分为基于目标的决策、基于不同属性的决策、基于方案和理论的决策等。

（1）基于目标的决策

不同用户对切换选择的侧重点差异较大，这类决策方法可以基于所需的预期目标进行选择。如以路径损耗和信噪比作为决策目标，选择路径损耗较小的，或误比特率最低的网络进行接入或切换；以用户的服务优先级和网络的阻塞率作为决策目标，利用寻优算法进行选择；基于网络服务质量进行决策，以保证网络服务质量为前提，利用加权评价的方法，为用户选择服务质量最高的网络进行切换。

（2）基于多属性的决策

无论是在接入还是切换决策时，影响网络和终端的因素可能是多样的，此时就需要基于多属性决策算法进行决策。经典的多属性决策（multiple attribute decision making，MADM）方法包括简单加权（simple additive weight，SAW）算法、乘数指数加权（multiplicative exponent weighting，MEW）算法、逼近理想解排序（technique for order preference by similarity to ideal solution，TOPSIS）算法、灰色关联分析（grey relational analysis，GRA）算法和偏好顺序结构评价方法（preference ranking organization method for enrichment evaluation，PROMETHEE）等。

（3）基于方案和理论的决策

多种基于方案和理论的切换选择策略已经在相关研究中被提出，包括基于博弈论、基于马尔可夫链、基于模糊逻辑等进行决策的方法。

5.4.2 切换算法

网络切换过程包含3个主要部分：（1）切换信息的收集；（2）切换决策；（3）切换执行。其中，切换决策是切换过程中最重要和最复杂的部分，为了保证切换的有效性和切换效率，需要决策算法尽可能地利用各种相关信息进行最优决策，该过程又被称为系统选择或网络选择。

目前，针对天地一体化信息网络中卫星切换的决策算法研究刚刚起步，对异构网络间垂直切换技术的研究也尚未成熟，垂直切换技术涉及各种地面网络、地面网络与卫星网络间的切换，同时也可以作为多层卫星网络切换算法的参考。由于非3GPP和3GPP无线接入系统具有不同的技术特性，在多层卫星网络或复杂异构无线网络中，为实现无缝通信的目标，设计一种最优化、高时效的动态切换机制仍是严峻的挑战。

根据切换策略，切换决策算法可以分为3种类型：单一目标决策算法、多属性决策算法和基于其他数学模型的决策算法。单一目标决策算法是基于功率、用户密度、位置信息，或者其他属性的一类决策算法，这类决策算法通过设定一些门限值和时间迟滞来防止乒乓切换，相对易于实现。然而，单一目标决策算法没有"尽可能地利用可以获取的各种信息"，难以适用于复杂的天地一体化信息网络。例如，基于功率的算法在门限值和时间迟滞设置较小时容易导致切换频繁，而参数设置较大时又容易产生过大的切换时延。对于切换决策来说，基于各种不同的数学模型将形成不同的决策策略，策略的不同将导致切换算法具有不同的算法复杂性、灵活性和可靠性。不同切换策略下切换算法特性见表 5-1，不同切换策略下切换算法的优点、缺点见表 5-2。

表 5-1　不同切换策略下切换算法特性的对比

切换策略	用户相关程度	是否多属性	复杂性	灵活性	可靠性
专用方法	中	是	低	高	高
以用户为中心策略	强	是	低	高	中
基于马尔可夫链的策略	弱	是	中	中	高
基于模糊逻辑策略	中	是	高	低	高
多属性决策	中	是	中	高	中
基于博弈论策略	强	是	中	中	高

表 5-2 不同切换策略下切换算法的优点、缺点

切换策略	优点	缺点
专用方法	高负载和拥塞情况下性能退化小	服务或可用接入点增加时时间开销增加
以用户为中心策略	用户相关性最高；决策复杂性低	实时性差；反应速度低；决策精度不高
基于马尔可夫链的策略	自主适应；适用性广	复杂性高
基于模糊逻辑策略	支持自主决策；支持多目标优化	复杂性较高；决策复杂
多属性决策	支持多目标决策；易实施；可扩展	复杂性比较高；决策准则选择复杂
基于博弈论策略	资源管理高效	需要附加决策参数以保证服务质量

需要注意的是，在卫星网络或异构网络中，切换并不总是由弱的接收信号强度（水平切换）引起的，也可能是由网络服务质量属性的改变，或者移动设备、网络设备的命令引起的。

综合分析可知，目前的切换控制算法至少存在 3 个问题：一是输入设计问题，输入难以度量和获取，例如，当直接采用终端速度作为输入时，终端的移动速度变化很快，导致难以准确预测；二是算法过于依赖专家经验，缺乏自适应调节能力，难以适应复杂的网络环境变化，因此算法的鲁棒性较差；三是切换决策中很少考虑切换启动时机问题，由于切换启动时机和最优网络选择密切相关，若只考虑一个方面，则难以实现最优的切换决策。

| 5.5 移动性管理技术 |

天地一体化信息网络中，卫星性能各不相同，通常的组网方案采用性能较弱的微卫星作为接入节点，在性能较强的骨干星上部署服务和业务，但是微卫星和骨干星一般处于不同的轨道，彼此之间不断地相对移动。另一方面，接入天地一体化信息网络中的终端多种多样，一些终端，如空基和海基终端本身就具有不确定的移动性。因此，在天地一体化信息网络中，即使对于地面上移动速度缓慢、移动范围有限的网络节点或终端，接入星相对于地面的高速运动也将导致不确定的网络动态接入和切换行为。可见，移动性管理是天地一体化信息网络需要解决的关键技术问题，是保证天地一体化信息网络服务质量的前提条件。

5.5.1 移动性管理的技术内涵

目前，移动性管理主要以各种网络协议的形式体现，所以也称为移动性管理协议。移动性管理技术是移动通信网的核心技术与基础功能，早期应用于全球移动通信系统和通用移动通信系统，致力于 3GPP 网络与 WLAN 的互联，其主要功能包括：用户跨区切换、区域选择与重选、用户位置登记与漫游等。

随着无线通信技术与移动互联网的不断发展，用户更多地在异构网络中使用各种基于 IP 的应用，对移动通信的需求也从满足"连续不间断通信"转向"低时延、高速率、大连接"的更高要求。因此，国际互联网工程任务组从异构网络融合的角度出发，提出了基于 IP 的移动性管理机制并进行了标准化，使用户可以通过 IP 地址配合网络层的路由机制获得移动性支持。

移动性管理的主要任务是保证移动节点在网络中的持续连接，通过及时确定移动节点位置，为其提供不间断的网络服务，保证用户数据的连续性。随着网络技术的不断发展，移动性管理已经不再是特定网络中的技术，作为一种通用技术，能够为终端的位置信息、业务连续性、安全性以及服务质量管理等提供技术支撑。

5.5.2　天地一体化信息网络移动性管理工作机理

在天地一体化信息网络中，移动性管理需要完成终端和接入星的位置管理，并在位置变化时及时完成数据流的重定向，避免移动性对通信质量产生影响。此外，移动性管理还需要提供地址解析、归属地查询等服务。

天地一体化信息网络通信模型如图 5-7 所示，在一个简单的两个终端通过天地一体化信息网络进行通信的场景中，终端 A 通过接入星 A 接入天地一体化信息网络后，希望同终端 B 进行通信。终端 A 与终端 B 的一种可行通信过程如下。

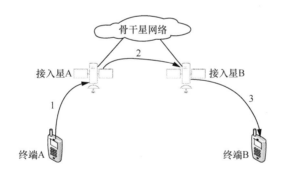

图 5-7　天地一体化信息网络通信模型

（1）终端 A 通过天地链路将数据包发送给接入星 A，同时携带终端 B 的标识。

（2）接入星 A 接收到数据包后，根据其中携带的标识进行地址解析，得到终端 B 所在接入星 B 的 IP 地址，进而构建 IP 隧道报文，封装数据包。

（3）接入星 B 得到隧道报文后进行解封，并根据数据包中携带的终端标识，转发数据到终端 B。

上述过程中，需要终端在接入网络时首先发起终端注册，绑定终端标识和接入

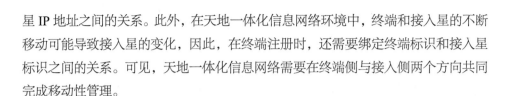

星 IP 地址之间的关系。此外，在天地一体化信息网络环境中，终端和接入星的不断移动可能导致接入星的变化，因此，在终端注册时，还需要绑定终端标识和接入星标识之间的关系。可见，天地一体化信息网络需要在终端侧与接入侧两个方向共同完成移动性管理。

5.5.2.1 终端侧移动性管理

（1）终端注册管理

接入天地一体化信息网络的终端数量众多、种类各异，终端接入控制协议也不尽相同，可能导致两个异质终端无法直接通信，必须经由天地一体化信息网络构建 IP 隧道进行中转。为使数据经由 IP 隧道准确下发到通信对端，终端在接入网络时必须主动注册，以维护终端和接入星之间的绑定关系。

（2）终端管理

由于接入单个接入星的终端数量巨大，因此必须维护终端标识和通信链路之间的关系，以保证接入星隧道报文解封后的准确下发。

（3）终端位置订阅

通过天地一体化信息网络进行通信的终端，在通信过程中可能改变其网络接入点，即从一颗接入星的覆盖范围移动到另一颗接入星的覆盖范围，此时需要通知其通信对端所绑定的接入星构建新的 IP 隧道，重新封装数据后再转发。为了实现移动终端切换接入点时数据流的重新定向，需要在通信起始阶段，即地址解析阶段，订阅终端位置变更通知。

（4）终端位置变更通知

天地一体化信息网络中，单个卫星的覆盖范围很广，因此，基本上可以忽略陆基终端的移动，如果终端通过同步地球轨道卫星接入网络，则可以将其认定为固定节点。但是当终端通过低轨卫星接入网络时，即使终端相对于地面静止，也可能发生其在不同低轨卫星间切换的现象，因此，需要通知通信对端所绑定的接入星构建新的 IP 隧道。

5.5.2.2 接入侧移动性管理

（1）接入星注册管理

天地一体化信息网络中，微卫星和骨干星的运行轨道不同，导致卫星间的通信链路不断变化。当接入星从一颗高轨卫星的覆盖范围进入另一颗高轨卫星的覆盖范围时，其网络地址将发生变化。如果终端注册时绑定的是终端标识和接入星地址之间的关系，当接入星位置变化时，为维护终端的位置信息，就需要重新注册该接入星下的所有终端，这将产生大量的终端注册消息，增加了网络的控制负载。因此，需要单独维护接入星标识和接入星 IP 地址之间的关系，在终端注册时绑定终端标识和接入星标识的关系，这样即使终端所在的接入星 IP 地址发生了变化，也仅需接入星更新其标识和 IP 地址的绑定关系。

（2）接入星位置订阅

地址解析阶段需要根据终端标识获取终端所在接入星的 IP 地址，因此，天地一体化信息网络需要维护终端标识与接入星标识的绑定关系，以及接入星标识与接入星 IP 地址之间的绑定关系。当接入星连接到新的骨干星时，将分配新的 IP 地址，进而改变终端的接入点 IP 地址，因此需要通知所有订阅方，及时构建新的 IP 隧道，并重定向数据流。

（3）接入星位置变更通知

接入星在高轨卫星间切换，将导致其 IP 地址发生变化。在地址解析阶段，终端需要根据其标识获取所属接入星的 IP 地址，因此，当移动终端所属接入星 IP 地址发生变化时，需要通知通信对端的接入星根据新 IP 地址重新构建隧道。

5.5.3　移动性管理模型

天地一体化信息网络中，高轨骨干星的负载能力更强，因此更适于承载移动性管理所需的控制功能，同时，为了避免单点失效及过高的单星负载压力，可采用 P2P 的方式将控制功能均匀分布在骨干星所组成的分布式网络中。由于天地一体化信息网络中低轨卫星的负载能力较弱，一般不建议将网络和业务负载过多地部署在低轨星座上，而是将其部署在地面站，充分利用低轨卫星空地通信速度快的特点，减小低轨卫星信息存储和实施网络控制的压力。

5.5.3.1　移动性管理中 PUB/SUB 模型的应用

PUB/SUB 模型中，消息的发布者（publisher）和消息的订阅者（subscriber）之间借助 broker 通过主题（topic）互相关联。在此模型中，消息订阅者首先通过 SUB 方法向 broker 订阅特定主题的消息，消息发布者则通过 PUB 方法向 broker 发布特定类型的消息，当消息订阅者订阅的主题和消息发布者发布的主题满足一定的条件时，broker 就将消息发布者所发布的消息转发给该消息的订阅者，PUB/SUB 模型如图 5-8 所示。

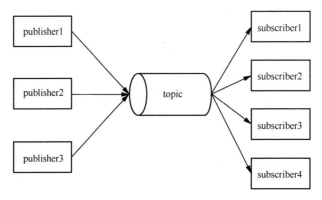

图 5-8　PUB/SUB 模型

相比于传统的客户端/服务器模型，PUB/SUB 模型具有以下优点。

（1）耦合度低。消息发布者和消息订阅者之间没有直接的联系，两者通过主题相互关联。

（2）可伸缩性强。消息发布者和消息订阅者的低耦合使得 PUB/SUB 模型的可伸缩性相当强。PUB/SUB 模型支持多个消息发布者发布同一主题的消息，同样也支持同一主题有多个消息订阅者。

在天地一体化信息网络中，如果将状态变更作为 PUB/SUB 模型中的主题，将 SUB 作为状态变更的订阅，那么 PUB 就是状态变更的发布和推送。在移动性管理中，可将终端的位置变化作为状态变更，受终端位置变化影响的实体可以订阅该状态变更，以此在终端位置变化引发状态变更时及时获取通知。

5.5.3.2　移动管理模型

相关研究提出的一种基于 PUB/SUB 模型的移动性管理方案如图 5-9 所示，该方案主要由通信节点（communication node，CN）、移动节点（mobile node，MN）、移动接入网关（mobile management gateway，MAG）、移动性管理代理（mobile management agent，MMA）及网关（gateway，GW）等组成。其中，低轨卫星组成星座，并部署移动接入网关，完成移动终端的接入控制；高轨卫星组成骨干星网络，部署移动性管理代理，执行移动终端和接入星的移动性管理；地面站作为天基网络和地面网络的中介，部署网关。该方案主要组成部分的功能如下。

通信节点：在天地一体化信息网络中，通信节点（通信端）可以是地面终端也可以是天基终端。地面终端通过地面站和天基终端完成通信，天基终端通过天基网络和其他天基终端通信。

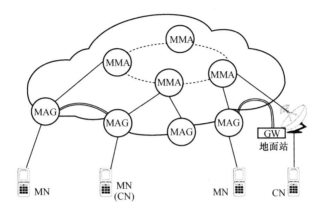

图 5-9　基于 PUB/SUB 模型的移动性管理方案

移动节点：在天地一体化信息网络中，低轨卫星作为接入星，相对于地面高速运动，导致通信节点不断在接入星之间进行切换，成为移动节点。当节点移动时，主动产生注册请求，发送到 MAG，并通过 MAG 注册到 MMA。

移动接入网关：部署于低轨接入星网络，负责维护 MN 标识和 MN 当前所属 MAG 的 IP 地址之间的映射。接入星移动时，MAG 注册到 MMA。在 MN 或 MAG 移动过程中，MAG 代表 MN 建立与通信对端所连接的 MAG 或 GW 之间的隧道，以完成数据转发。

移动性管理代理：部署于高轨卫星组成的骨干星网络，负责维护网络移动性管理的各类信息，包括终端注册信息和 MAG 注册信息等。在终端移动过程中，终端标识、终端地址、MAG 标识、MAG 标识与地址间的映射关系均由 MMA 管理。

5.5.3.3　核心功能

天地一体化信息网络移动性管理的核心功能及其主要工作如下。

（1）终端注册

终端首次接入网络或终端切换到不同接入星时，都将发起终端注册。由于骨干星网络拓扑不断变化，因此在注册之前需要得到终端归属地骨干星的 IP 地址。

（2）接入星注册

接入星注册过程与终端注册过程类似，同样需要首先获取归属地骨干星的 IP 地址，之后发送注册消息到归属地骨干星。

（3）接入星 IP 地址解析

接入星 IP 地址解析是根据终端标识获取归属接入星 IP 地址的过程。天地一体化信息网络中，终端位置信息绑定终端标识和接入星标识之间的关系，接入星位置信息绑定接入星标识和接入星 IP 地址之间的关系。接入星 IP 地址解析可由 MAG 或 MMA 发起。

（4）接入星 IP 地址订阅

接入星 IP 地址订阅的发起方同样可以是 MAG 或 MMA，工作过程与接入星 IP 地址解析类似，区别在于地址订阅方得到终端或接入星的归属地 IP 地址后，会发送终端或接入星位置订阅请求给 MMA，再由 MMA 发送终端或接入星位置解析请求给归属用户服务器（HSS）。因此，当终端或接入星位置发生变化时，发起接入星 IP 地址订阅的一方能及时得到通知，更新终端标识和接入星 IP 地址之间的绑定关系，避免数据转发失败。

（5）终端移动

当终端移动时，携带终端标识和新的接入星标识重新发起注册。HSS 更新终端位置信息后，生成终端位置变更通知并发送给同一骨干星上的 MMA。MMA 根据终端位置订阅列表，将终端位置变更通知下发到订阅方。

（6）接入星移动

接入星移动时，其 IP 地址发生变化，将重新发起接入星注册，绑定接入星标识和新的接入星 IP 地址。接入星位置信息更新后，其位置变更通知发送给同一骨干星上的 MMA，MMA 根据接入星位置订阅列表，将该位置变更通知下发到订阅方。

5.5.4　移动管理功能设计

天地一体化信息网络中，接入星和骨干星的能力差异导致其在网络中所承担的功能不尽相同，因此需要分别介绍接入星和骨干星各自承载的移动性管理功能模块。

5.5.4.1　总体结构

移动性管理功能组成如图 5-10 所示，包含两个大的功能模块：由 MAG 实现的接入星移动性管理功能模块和由 MMA 实现的骨干星移动性管理功能模块。其中，骨干星移动性管理与组网控制、通信业务共同部署于骨干星节点，接入星移动性管理单独部署于接入星节点。此外，每个节点都部署消息通信模块。

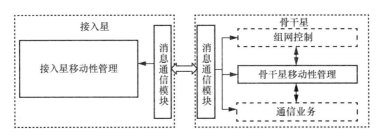

图 5-10　移动性管理功能组成

消息通信模块负责接收网络消息，并根据消息中的统一资源标识符（URI）将其下发到其他模块，如组网控制、通信业务、移动性管理等。当某一节点上的模块需要同其他节点上的模块通信时，由消息通信模块通过网络将消息发送到目的节点。此外，同一骨干星节点上组网控制、通信业务、移动性管理之间的消息发送与接收，同样经由消息通信模块完成。

组网控制负责将各类网络信息数据按照一定的策略，分布式地存储到骨干星网络，并提供归属地 IP 地址查询服务。由于组网控制负责维护终端和接入星的位置信息，因此，当终端或接入星位置变化导致注册操作时，需要向同节点上的骨干星移动性管理发送终端位置变更通知或接入星位置变更通知消息。

通信业务负责维护用户移动过程中的业务连续性。当接入星移动性管理转发源终端到目的终端的消息时，将需要通信业务处理的消息转发给通信业务。

接入星移动性管理功能由部署于接入星的 MAG 完成，负责接收来自终端的消息，并根据消息类型进行进一步处理。普通消息地址解析后转发至目的接入星，再由目的接入星下发至目的终端。如果消息需要由某种通信业务进行处理，MAG 则转发该消息至通信业务模块。其他类型的消息则交由 MAG 内部模块处理。当 MAG 接收到其他接入星 MAG 转发来的消息时，根据该消息携带的目的终端标识下发该消息。当接入星需要进行地址解析时，可以根据目的终端标识发起两种类型的地址解析：接入星 IP 地址查询和接入星 IP 地址订阅。当终端或接入星的位置发生变化，如果 MAG 订阅了该变化，则能够获取相应位置变更通知，从而根据该通知更新本地维护的隧道构建表。

骨干星移动性管理功能由部署于骨干星的 MMA 完成，负责维护终端位置订阅列表和接入星位置订阅列表，并在终端或接入星位置变化时下发位置变更通知。此外，MMA 为通信业务提供归属地查询服务，根据资源标识提供存储该资源的骨干星 IP 地址。与 MAG 类似，MMA 维护终端位置和接入星位置订阅列表，并提供接入星 IP 地址查询和接入星 IP 地址订阅接口。

5.5.4.2 接入星移动性管理功能

接入星移动性管理功能由 MAG 完成，其内部包含代理模块、终端注册模块、接入星注册模块、接入星 IP 地址解析模块、接入星 IP 地址订阅模块、接入星位置解析模块等功能模块，接入星移动性管理内部功能结构如图 5-11 所示。

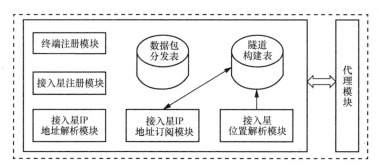

图 5-11 接入星移动性管理内部功能结构

代理模块负责接收来自消息通信模块的消息，并根据消息类型及 URI 将该消息分发到 MAG 内部模块进行后续处理，此外，还负责维护隧道构建表和数据包分发表。

终端注册模块负责处理终端注册消息。代理模块接收到来自终端的终端注册消息后，调用终端注册模块，完成终端标识与接入星标识之间映射关系的存储。

接入星注册模块负责处理接入星注册消息，维护接入星标识与接入星 IP 地址之间的绑定关系。当接入星首次接入天地一体化信息网络，或者接入星从某一骨干星覆盖范围移动到另一骨干星覆盖范围时，MAG 调用接入星注册模块进行处理。

接入星 IP 地址解析模块负责根据终端标识获取终端位置信息，进而根据终端位置信息中绑定的接入星标识获取接入星 IP 地址。

接入星 IP 地址订阅模块负责根据终端标识获取归属接入星的 IP 地址。接入星 IP 地址订阅时，首先查找本地隧道构建表，如果未发现相应表项，则 MAG 向归属地骨干星上的 MMA 发送携带 MAG 所在接入星标识的终端位置订阅或接入星位置订阅请求消息。

　　接入星位置解析模块负责根据接入星标识获取接入星 IP 地址。接入星 MAG 在 IP 地址订阅时订阅特定终端的位置变更，因此，当终端位置变化时，接入星位置解析模块就能够接收到携带终端标识和接入星标识的位置变更通知消息。由于本地隧道构建表中维护了终端标识和接入星 IP 地址之间的映射关系，因此，代理模块可以通过接入星位置解析模块获取到接入星 IP 地址。

5.5.4.3　骨干星移动性管理功能

　　骨干星移动性管理功能由 MMA 完成，骨干星移动性管理总体结构如图 5-12 所示，主要包含代理模块、接入星 IP 地址订阅模块、归属地 IP 地址解析模块、接入星 IP 地址解析模块、终端位置订阅模块、终端位置变更通知模块、接入星位置订阅模块、接入星位置变更通知模块等功能模块。在完成移动性管理的过程中，代理模块接收骨干星消息通信模块发送的消息后，根据 URI 将该消息下发给 MMA 内部的相应功能模块进行后续处理。

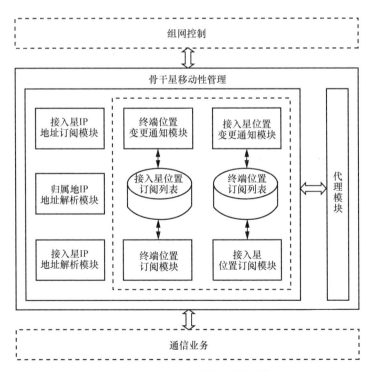

图 5-12　骨干星移动性管理总体结构

骨干星移动性管理中的接入星IP地址订阅模块和接入星IP地址解析模块与接入星移动性管理中的同名模块功能相同，实现上也基本类似，主要区别在于骨干星移动性管理中的请求来自于通信业务，而接入星移动性管理中的请求来自于代理模块。

归属地IP地址解析模块负责接收通信业务发起的归属地IP地址请求，并根据资源标识获取归属地IP地址。归属地IP地址解析模块将IP地址请求转发给骨干星组网控制，并将得到的响应转发给通信业务。

终端位置订阅模块接收来自MAG或MMA的终端位置订阅请求，并更新终端位置订阅列表。接收到终端位置订阅请求后，终端位置订阅模块首先更新位置订阅列表。由于发起位置订阅前已经完成了归属地IP地址解析，因此，可以直接向本节点上的组网控制请求终端位置解析，并根据得到的终端位置解析消息构造终端位置订阅响应，然后返回给请求方。

终端位置变更通知模块接收来自组网控制的变更通知，并将该消息下发到订阅方。终端位置发生变化时，组网控制向本节点上的MMA发送终端位置变更通知。MMA中的代理模块下发该消息到终端位置变更通知模块，终端位置变更通知模块根据变更通知所携带的终端标识，在终端位置订阅列表中查找，并根据查询到的表项下发变更通知。

接入星位置订阅模块接收接入星位置订阅请求，并更新接入星位置订阅列表。该过程与终端位置订阅模块操作类似，区别仅在于向组网控制发起请求的是接入星位置解析。

接入星位置变更通知模块接收来自组网控制的位置变更通知，并下发该消息到订阅方。其工作流程与终端位置变更通知模块类似，区别仅在于接入星位置变更通知中的信息来自于接入星位置订阅列表的查询结果。

| 参考文献 |

[1] 龚彬. 空天地一体化多层卫星网络接入与切换技术研究[D]. 北京: 北京邮电大学, 2017.

[2] 周航. 天地一体化网络传输与接入技术研究[D]. 北京: 北京邮电大学, 2016.

[3] 江丽琼. 基于业务优先级的天基动态网络用户接入技术研究[D]. 哈尔滨: 哈尔滨工业大学, 2017.

[4] 刘培杰, 焦义文, 刘燕都, 等. 天地一体化测控网中的随遇接入测控方法[J]. 电讯技术,

2020, 60(11): 1278-1283.

[5] 王攀. 天地一体化网络共性支撑平台中移动性管理能力的研究与实现[D]. 北京: 北京邮电大学, 2018.

[6] 刘超, 陆璐, 王硕, 等. 面向空天地一体多接入的融合 6G 网络架构展望[J]. 移动通信, 2020, 44(6): 116-120.

[7] 翟立君, 汪春霆. 天地一体化网络和空中接口技术研究[J]. 无线电通信技术, 2015, 41(3): 1-5.

[8] 贾敏, 高天娇, 郑黎明, 等. 天基网络动态接入技术现状与趋势[J].中兴通讯技术, 2016, 22(4): 34-38.

[9] 刘超, 陆璐, 王硕, 等. 面向空天地一体多接入的融合 6G 网络架构展望[J]. 移动通信, 2020, 44(6): 116-120.

[10] RADHAKRISHNAN R, EDMONSON W W, AFGHAH F, et al. Survey of inter-satellite communication for small satellite systems: physical layer to network layer view[J]. IEEE Communications Surveys and Tutorials, 2016,18(4):2442-2473.

[11] 王攀, 张皓涵, 李静林. 基于 Pub/Sub 模型的天地一体化网络移动性管理方法[J]. 无线电工程, 2018, 48(3): 193-197.

[12] 李恒智, 王春锋, 王为众, 等. 基于 SDN 的卫星网络分布式移动管理研究[J]. 通信学报, 2017, 38(S1): 143-150.

[13] 贺达健. 低轨卫星网络移动性管理技术研究[D]. 长沙: 国防科学技术大学, 2016.

[14] 白卫岗, 盛敏, 杜盼盼. 6G 卫星物联网移动性管理: 挑战与关键技术[J]. 物联网学报, 2020, 4(1): 104-110.

[15] 丁煜. 低时延低轨卫星移动性管理技术[D]. 西安: 西安电子科技大学, 2020.

[16] 吴琦, 郭孟泽, 朱立东. 大规模低轨卫星网络移动性管理方案[J]. 中兴通讯技术, 2021, 27(5): 28-35.

[17] VLADIMIROVA T, WU X, BRIDGES C P. Development of a satellite sensor network for future space missions[C]//Proceedings of IEEE Aerospace Conference. 2008: 153-162.

[18] 朱洪涛. 低轨卫星网络分布式移动性管理方法研究[D]. 哈尔滨: 哈尔滨工业大学, 2020.

[19] 姚天鸷, 李新洪. 多源天基信息融合体系研究[J]. 信息通信, 2019(8): 268-270.

[20] 虞志刚, 冯旭, 黄照祥, 等. 通信、网络、计算融合的天地一体化信息网络体系架构研究[J]. 电信科学, 2022, 38(4): 11-29.

第 6 章

会话控制服务

天地一体化信息网络的拓扑动态变化、网络终端性能各异，这种动态、异构的网络环境，为会话控制带来了严峻的挑战。会话控制服务既要应对天基网络与地面网络巨大的环境差异，又要适配业务需求各异的异构终端，这就需要会话控制服务以业务连接为导向，基于灵活高效的会话控制协议，屏蔽网络环境差异，为各类多媒体业务提供面向连接的会话建立、保持、转移等共用功能。

|6.1 概述 |

现有卫星网络在提供通信业务时遵循"先落地、后转发"的运行模式，导致卫星网络环境中会话传输路径长、实时性差、控制开销大等问题。随着卫星负载能力的不断提升，未来的天地一体化信息网络中，如果将一定的会话控制及数据处理功能从地面平台迁移到天基平台，则能够极大地提高会话控制的效率。但是，在天基平台部署会话控制等网络服务，也意味着天基平台中的会话控制服务单元需要同时面对终端异质、网络异构和环境动态等因素带来的巨大挑战。

6.1.1 会话控制服务面临的挑战

天地一体化信息网络服务于海量的天基、空基、地基、海基等异构终端，需要根据不同的通信业务特性和用户需求，为这些异构终端提供差异化的通信业务。天地一体化信息网络中这种来自终端、设备、业务、需求等方面的异构异质性，以及来自天基网络内部、天基网络和地面网络之间的环境复杂性，为会话控制服务的设计和实施带来了严峻的挑战。

终端、网络设备、网络节点高动态的大范围移动，以及其不确定的加入、退出和迁移，导致天地一体化信息网络的网络拓扑具有显著的时变性和不确定性，为会话控制服务带来了严峻的挑战。如果通过地基平台维护所有分布式星群、终端、通信业务设备的位置信息，并完成寻址，则面临地址发现时延过大，以及频繁的注册、刷新操作导致的星间链路、星地链路负载激增等问题。如果天基平台自行维护和管理其终端和网络状态信息，则又将面临各种通信业务引发的信令数据激增，以及数据维护的一致性、状态维护的实时性等问题。

天基平台承载通信服务的能力仍然有限，无法提供大规模、高强度的存储、传输和计算资源支持，导致天基平台在会话控制过程中，难以参照地基平台的处理方式，使用集中的大型计算节点完成通信业务的信令控制。因此，天地一体化信息网络中的各种通信服务普遍具有分布式的特点，如采用少量大型卫星平台，辅以大量中小型卫星平台的分布式会话控制机制。但是，这种通过多平台协同，以克服单平台性能不足的方式，对会话控制服务的一致性、实时性等又带来了挑战。

终端能力差异明显（从海陆空基平台到个人终端）、网络能力差异明显（不同天基、地面通信平台能力差异）、通信业务差异明显（话音、视频、消息等对实时性、可靠性、安全性、带宽、频度的差异化需求），导致天地一体化信息网络通信业务需求具有异质或同构异质性的特点，这对网络服务的差异化服务能力、动态适配能力等提出了挑战。

6.1.2 会话控制相关协议概述

6.1.2.1 SIP

会话初始协议（session initiation protocol，SIP）是 IETF（因特网工程任务组）提出的基于 IP 网络实现实时通信的信令协议，用于创建、修改和终止一个或多个参与者之间的多媒体会话，2001 年发布了 SIP 标准规范 RFC3261，主要包括以下功能。

- 用户寻址：通过统一资源标识符（URI）确定用户归属位置，用于建立通信。
- 用户终端多媒体信息交互：完成会话参与者的媒体类型以及媒体参数交互，便于后续媒体信息传输。
- 用户可用性判定：建立会话前，判断参与会话的用户是否在线、是否空闲，以便执行加入会话等后续操作。
- 会话建立：建立会话发起方和接收方的消息传递，交换各自终端的会话描述协议（SDP）信息。
- 会话管理：包括会话重新建立、呼叫转移、会话结束等。

SIP 是基于客户端/服务器模式的协议，客户端发起信令，服务器负责处理请求、回送应答以及提供服务。

SIP 规定了 6 种信令：INVITE、ACK、CANCEL、OPTIONS、BYE、REGISTER。其中，INVITE 和 ACK 用于建立呼叫，完成 3 次握手，或用于建立会话之后修改会话属性；BYE 用于结束会话；OPTIONS 用于服务器查询；CANCEL 用于取消已经发出，但未最终结束的请求；REGISTER 用于客户端向注册服务器注册用户位置等消息。

SIP 消息可以基于 TCP 或 UDP 进行传输。SIP 消息体携带了 SDP 信息，SDP 信息包含了用户终端收发地址、媒体参数以及编码格式等信息。SIP 与其他协议的关系如图 6-1 所示。

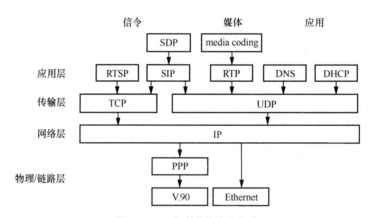

图 6-1　SIP 与其他协议的关系

在网络结构方面，SIP 的网络元素如下。

用户代理（user agent）：用于创建、发送、接收 SIP 请求，以及响应并管理 SIP 会话。用户代理是一个逻辑实体，由用户代理客户端和用户代理服务器组成。用户代理客户端负责创建并发出 SIP 请求，用户代理服务器接收并处理 SIP 请求、返回 SIP 响应。

注册服务器（register server）：负责存储当前用户终端的网络位置信息，用于检索用户终端的 IP 地址、端口等信息。

代理服务器（proxy server）：代理服务器是 SIP 系统的中间件，在网络上负责代理 SIP 消息，可执行路由策略或负荷分担，还可以根据实际情况修改 SIP 会话消息。

重定向服务器（redirect server）：SIP 重定向服务器可以将 SIP 建立会话邀请信息强制路由到其他代理服务器。

为了逻辑上的清晰，SIP 采用了分层的协议结构，SIP 的 4 个层级如下。

- 语法和编码层。该层语法使用基本文本描述，编码方式采用了扩展的巴克斯-诺尔范式（Backus-Naur form，BNF）。
- 传输层。定义了客户端及服务器如何处理请求和响应。传输层可以选择某种具体的传输协议，并基于选定的传输协议进行数据交互。
- 事务层。SIP 中，客户端发送的请求及服务器针对该请求的所有响应被视为一个事务（transaction）。事务层主要处理应用层请求消息的重发、应答、超时等消息交互。一个事务根据逻辑功能分为客户端事务和服务器事务。
- 事务用户层。是 SIP 的最顶层，每一个 SIP 实体，除无状态代理外，都是一个事务用户（TU）。事务用户可以创建客户事务，也可以取消客户事务。

6.1.2.2　SAP

会话通告协议（session announcement protocol，SAP）用于通知多媒体或其他类型的多播会话，发送会话建立信息给会话的参与者，并为会话参与者传送相关设置信息。

SAP 并不建立会话，只是将建立会话所需的信息（如采用的视频或音频编码方式）通知给同一个多播组内的其他参与者。当这些参与者接收到该通告数据后就可以启动相应工具，设置正确的参数，并建立会话（建立会话可以使用 SIP）。

SAP 通过多播（multicast）机制向一个已知的多播地址和端口一次性地发送一个通知数据包，如果该多播组内的成员工作正常就能够接收到该通知数据包。因此，为了使会话的所有参与者都能够接收到通知，需要确保其加入该多播组内。

需要注意的是，SAP 通知的发起者并不知道参与者是否接收到了会话通知，也就是说，参与者不向通知的发起者回复通知的确认。因此，为了最大可能地使参与者收到会话通知，通知发起者需要周期性地发送会话通知，即 SAP 周期性地向已知的多播地址和端口发送通知数据包，且保证通知的范围与会话范围相同，以确保通知接收端即为会话接收端。这种方式对于协议的可扩展性来说也很重要，即确保本地会话通知在本地传送。

对于 SAP 接收方来说，通过多播范围区域通知协议或其他协议获取其所在的多播范围,并监听此范围内的 SAP 地址和端口,接收方就能够获取所有被通知的会话,并被允许加入这些会话。

6.1.2.3 SDP

会话描述协议(session description protocol,SDP)是基于文本的协议,可扩展性强,应用广泛。在多媒体会话场景中,会话参与者利用 SDP 传递媒体信息、网络地址和其他元数据。本质上,SDP 是一种会话描述格式,并不属于传输协议,它使用会话通告协议(SAP)、会话起始协议(SIP)、实时流协议(RTSP),以及超文本传输协议(HTTP)等进行会话实体之间的媒体协商。

SDP 在流媒体中只用于描述媒体信息,仅定义了会话描述的统一格式,没有定义多播地址的分配和 SDP 消息的传输,也不支持媒体编码方案的协商。SDP 常用于实时通信(RTC)的协商过程。在 WebRTC 中,通信双方在连接阶段利用 SDP 协商后续传输过程中使用的音/视频编解码器、主机候选地址、网络传输协议等。

在实际应用中,通信双方可以使用 HTTP、WebSocket、DataChannel 等传输协议传递 SDP 内容,这个过程称为 offer/answer 交换,即发起方发送 offer,接收方收到 offer 后回复一个 answer。例如,在客户端/服务器架构中,客户端发送 offer 给信令服务器,信令服务器转发给媒体服务器,媒体服务器将 offer 和自身能力比较后得到 answer 并发送给信令服务器,信令服务器再将 answer 转发给客户端,随后客户端和媒体服务器就可以进行基于实时传输协议(RTP)的通信。

SDP 会话描述由一个会话级描述(session_level description)和多个媒体级描述(media_level description)组成。会话级描述的作用域是整个会话,媒体级描述的作用域是单个媒体流,除非通过媒体级描述进行重载,否则会话级描述的值就是各个媒体级描述的缺省默认值。

6.2 会话控制服务能力需求

在天地一体化信息网络中,如果会话控制服务完全沿用传统互联网的实现方式,会对星地链路和星间链路造成很大负担,并产生过高的传播时延,难以保证会话质量。因此,会话控制服务功能的实现,需要与天地一体化信息网络自身的技术特点,特别是天基网络的技术特点适配。

6.2.1　多媒体通信业务能力抽象

多媒体通信业务能力抽象如图 6-2 所示,从整体上看,天地一体化信息网络中的多媒体通信业务由 3 个层次共同实现。最基础的一层由海量的异质终端组成,包括各种类型高速移动的空基终端、可行至偏远地区的海基终端、地基终端,以及面向海、陆、空基不同业务的服务基站、大型服务中心等涉及的不同制式的终端。为完成相关通信业务,这些异质终端均需连接到低轨接入星网络。

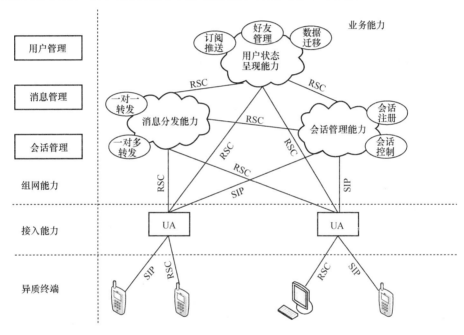

图 6-2　多媒体通信业务能力抽象

低轨接入星网络一般由各种低轨卫星组成的低轨卫星集群、星座网络等构成。低轨卫星移动速度快、性能弱,难以承担复杂业务所需的工作负载。相较于低轨接入星网络,高轨核心骨干网提供通信服务的能力更强,拓扑变化也相对缓和,更适于承载各种复杂的通信业务。因此,天地一体化信息网络中,各种通信业务可以集中或分布式地部署于高轨核心骨干网。

天地一体化信息网络中,不同的通信业务需要不同的基础服务,在不同网络层面为其提供支持。从通信服务的角度来看,组网服务对天基网络、地面网络的物理和逻辑网络环境进行控制和管理,会话控制服务则是在物理和逻辑网络中,为通信业务提供通用的会话控制功能。

根据通信业务的会话需求,会话控制服务需要具备3种能力:一是消息分发及控制能力,负责动态网络环境中,应用消息的控制与转发;二是用户状态呈现能力,负责用户数据在分布式存储环境中的状态订阅、推送、管理与迁移等;三是会话管理能力,负责移动状态下,终端的会话建立、用户数据的持续交互。

6.2.2 会话控制能力需求分析

传统网络环境中,会话控制已经应用于大量的通信业务,如通过互联网电话(voice over IP,VoIP)在互联网中实现传统电话通信业务,其中大量 VoIP 产品的会话控制都是基于 SIP 实现的。SIP 具有适用面广、使用方便、控制逻辑相对简单、对线路资源占用小等优点,因此,对于支持 IP 的终端,如数字电话、计算机、传真机,以及嵌入式设备等,都可以基于 SIP 完成视频、话音通信,且应用方式简单灵活。

天地一体化信息网络中,终端和天基网络平台同时高速移动,即使终端无须切换其天基接入星,接入星也可能需要切换承载网络服务的骨干星,导致链路节点 IP 地址频繁变化,为话音、视频等持续通信业务带来严峻挑战。

会话控制服务能力需求如图 6-3 所示,天地一体化信息网络中,会话控制服务为支持各种通信业务的会话控制需求,首先需要进行业务和用户信息的注册管理,包括处理用户的请求、响应等。此外,还需要与移动管理服务交互,完成与注册相关的各种操作等。其次,在会话过程中,需要建立并维护会话状态,并完成会话超时管理、会话超时时间刷新、会话消息转发等操作。特别是,经由天基网络的会话控制过程,还需要具备会话路由控制、动态切换管理等能力,解决用户终端移动、接入星区域切换等问题。

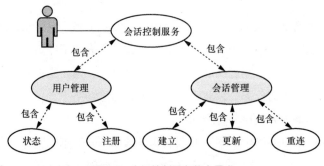

图 6-3 会话控制服务能力需求

在终端和接入星相对移动的情况下，需要及时处理重新建立会话的请求，并对转发过程进行有效控制，以便即使通信链路不断切换变化，通信过程也能够提供持续的会话服务。这就需要在会话建立过程中，及时维护会话状态，并快速处理网络切换对会话建立产生的影响；在会话建立成功后，终端还需要检测其 IP 地址，当发生位置更新时，终端重新发出请求，更新终端 SDP 消息至对端，以维持会话。

|6.3　会话控制服务设计 |

天地一体化信息网络中，终端类型繁杂、能力差异明显，并且通信业务需求各异、网络动态变化，因此，通信业务会话过程的管理与维护更加困难。此外，异构终端间的互操作很可能存在技术壁垒，如不同制式终端间的互操作，进一步增加了会话控制的复杂程度。

6.3.1　会话控制服务整体架构

从会话控制的角度来看，通信业务的承载环境大致可以分为 4 个部分：用户终端、低轨卫星网络、高轨卫星网络以及地面站业务系统。其中，用户终端为海量的异质终端；低轨卫星网络负责终端接入、终端消息报文转发等工作；高轨卫星网络承担各种会话控制所需的复杂功能；地面站则更适于存储支撑业务系统的大量重要状态、日志等信息。

通信业务控制模型如图 6-4 所示，从功能抽象的角度看，低轨卫星可以基于自身能力承载用户代理（UA）模块作为用户代理，从而屏蔽接入前端的差异。接入网关（AG）负责终端接入的相关控制工作。在骨干高轨卫星网络中，网络管理实体（NME）主要用于屏蔽天基网络节点的性能差异及网络状态变化。归属用户服务器（HSS）主要负责归属签约管理。协同管理实体（CME）负责屏蔽用户移动性差异。资源管理实体（RME）与 CME 进行交互，实现天基网络通信业务所需的媒体协商能力。

基于上述通信业务控制模型的抽象，天地一体化信息网络会话控制服务功能组成如图 6-5 所示，图 6-5 中概念性地描述了为满足通信业务的共性会话控制需求，会话控制服务所需具备的功能。虽然，不同通信业务的需求各不相同，但是各种通信业务会话控制过程又存在许多共性部分，如大部分的通信业务都需要会话建立、会话维护、会话注册等功能。

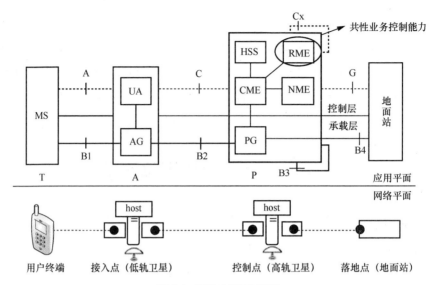

图 6-4　通信业务控制模型

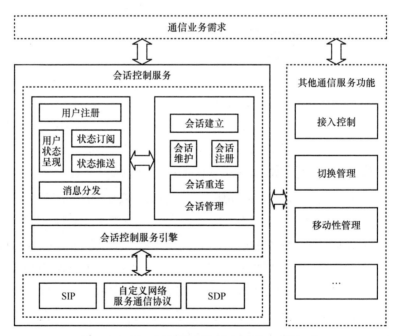

图 6-5　天地一体化信息网络会话控制服务功能组成

在会话控制服务功能组成中，需要通过 SIP、SDP 等底层协议完成会话控制服务所需的相关信息交互。此外，为了实现会话控制服务内部各功能模块之间，以及会话控制服务与其他服务（如接入控制服务等）之间的通信，还需要系统自定义内部专用的通信协议（图 6-5 中"自定义网络服务通信协议"），用于满足通信服务内部的通信需求。

会话控制服务需要移动性管理为其提供支撑，即动态环境下的寻址能力支持，包括用户注册、用户位置维护，以及用户位置查询等功能。会话控制服务主要由会话控制服务引擎、消息分发、会话管理、用户状态呈现，以及用户状态管理功能等共同实现。

在会话控制服务中，SIP 主要用于会话控制过程中的信息交互，以及相关状态的维护等。会话管理功能使用 SIP 等协议进行通信，完成会话建立、会话维护等工作。消息分发及用户状态呈现等模块之间则使用自定义的内部通信协议进行通信。消息分发模块负责消息控制转发、消息缓存，以及消息转发时延统计等。用户状态呈现模块主要负责用户状态的订阅、推送，用户状态管理，以及用户状态数据的迁移等。

会话控制服务引擎是会话控制服务的核心，主要由 ServiceTask、ProxyTask、RegTask、PUBMng、SUBMng、NTFMng 等模块组成。其中，ServiceTask 利用自定义网络服务通信协议实现会话控制服务内部各功能模块之间，以及会话控制服务与接入控制等服务之间的信息交互，并负责确定消息的目的模块或地址。ProxyTask 负责处理 SIP 会话请求，RegTask 负责处理 SIP 注册请求。PUBMng 模块负责处理 PUBLISH 消息，并基于该消息执行相应操作，如对 SUBMng 模块进行订阅查询，或调用 NTFMng 模块完成消息通知下发等。SUBMng 负责处理 SUBSCRIBE 消息，如存储订阅的主题结构，或保存用户的订阅树信息等。NTFMng 负责处理 PUBLISH 消息，将其转换为 NOTIFY 消息并下发，此外，还负责接收 NOTIFYACK 响应消息，并对其进行处理。会话控制服务引擎内部逻辑关系如图 6-6 所示。

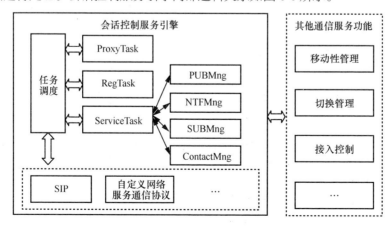

图 6-6　会话控制服务引擎内部逻辑关系

6.3.2　消息分发

消息分发模块主要解决动态网络中，终端的互联互通、通信融合等问题，主要分为点到点的消息报文转发控制，以及点到多点的消息报文转发控制。针对天基网络的特点，即接入星性能较弱而骨干星数据处理能力相对较强，接入星只负责简单的业务消息转发，复杂的业务交由骨干星处理。

天基网络节点计算、存储能力有限，不但需要对消息进行快速响应和转发，还需要进行相关处理，因此，可以采用异步消息队列模式进行消息分发，以保证消息处理的可靠性、吞吐量和响应时间。在异步消息队列模式中，当消息处理失败时，可以利用消息缓存重新处理请求，避免数据丢失的风险。此外，当业务数据增加时，可以通过多线程，或提高消息队列处理频率等方式，对消息队列进行处理，提高消息的处理处理能力。

消息分发模块如图 6-7 所示，负责处理 PUBLISH 类型消息的主要功能模块包括 ServiceTask、PUBMng、NTFMng 3 个功能模块，通过这些模块主要完成消息的一对一或一对多转发、消息响应的处理，以及消息状态的维护等工作，同时负责避免消息的重复处理、多次下发通知等问题。

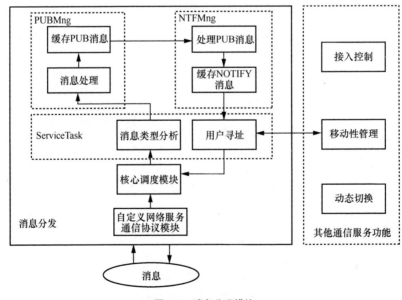

图 6-7　消息分发模块

对于点到点的一次性消息分发来说，骨干星会话控制服务需要分析消息的 URI 以确定相应的处理方式。为了获取终端用户信息，需要查询、更新或删除资源所属的用户 ID。会话控制服务内部接收到相应请求后，需要向移动性管理服务查询用户 ID 当前的接入地址，同时，对消息内容进行缓存，等待包含对端所属接入星 IP 地址的响应消息。得到移动性管理服务的响应后，通过对消息内容的分析，得到对端终端 ID 所属的接入星 IP 地址，进而获取到最新的终端位置，通过这种方式解决终端移动性，以及接入星移动性所带来的问题。

为了减轻网络压力，骨干星消息分发控制模块需要缓存发送方消息一段时间，当有重复消息发送至该模块，且该模块还未获取移动性管理服务的响应时，则拒绝重复消息的请求。此外，当消息传输超时后，需要及时清除缓存，并告知发送方消息发送失败。

同理，在返回响应消息的过程中，也需要对发送方接入星的位置进行更新查询。当接收到移动性管理服务的响应后，骨干星的消息分发模块从本地查询该响应的用户 ID 所缓存的消息，并将其转发至相应的接入星，并向发送方终端回复发送成功的响应消息。

对于点到多点通信的情况，接收消息的骨干星消息分发模块首先解析消息中携带的接收方 ID 集合，之后向移动性管理服务查询集合中涉及的所有用户 ID，并缓存一段时间。获取到移动性管理服务响应之后，发送多条消息进行点到多点的消息分发，分发至各个接入星后，接入星分析下发的 NOTIFY 消息，并根据注册在当前节点的终端信息，准确地将消息发送至相应终端。

6.3.3　用户状态呈现

针对天基网络节点计算和存储性能较弱、天基骨干星持续移动，以及网络接入节点动态变化等情况，用户状态呈现模块主要负责处理用户状态订阅类消息，以及用户状态推送类消息。

用户状态呈现为用户终端提供用户状态相关资源的订阅以及推送服务。针对天地一体化信息网络的特点，用户数据分布式存储于天基节点，基于这种特殊场景，当骨干星网络接收到终端的订阅请求，需要对该请求所要订阅的用户资源 ID 进行寻址。寻址之后修改请求消息中的 URI，使其转变为骨干星网络内部的状态消息，并继续进行转发，最终将消息转发到用户资源 ID 归属的骨干星。

为了便于实现用户状态订阅以及推送功能，用户状态呈现采用 PUB/SUB 模型进行设计，对于订阅资源，按用户 ID 进行管理和分类，并借鉴 trie 树的组织方式对订阅主题进行管理，不同用户资源对应于不同的资源树。

用户状态呈现功能及内部关系如图 6-8 所示，当 ServiceTask 接收到服务请求后，首先判断请求类型，进而调用相应内部模块进行后续处理。如果是 SUB 请求，则需要判断该请求的归属地，如果归属本地骨干星，则调用 SUBMng 模块处理，否则直接转发。如果是 PUB 请求，同样需要判断该请求是否归属本地，如果归属本地，则首先调用 PUBMng 模块进行订阅搜索，之后通过 ServiceTask 执行用户状态通知下发，否则直接转发该消息。

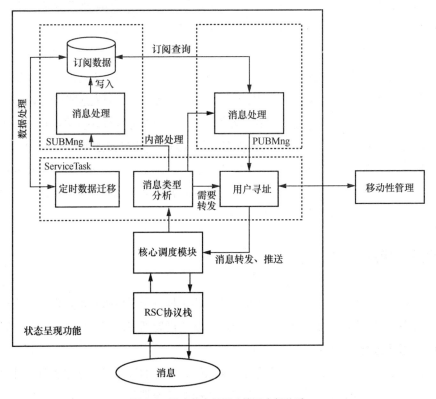

图 6-8 用户状态呈现功能及内部关系

6.3.4 用户注册

在天地一体化信息网络中，会话控制服务需要维护用户状态，对用户数据进行存储，因此，需要对用户注册请求进行相应处理。

　　用户注册请求主要分为两种，一种是用户终端发出的 SIP 注册请求，另一种是会话控制服务内部需要处理的自定义网络服务通信协议注册请求。针对这两种不同的请求，核心调度模块首先需要对消息类型进行判断，然后根据判断结果转发至不同功能模块继续处理。用户注册功能及内部关系如图 6-9 所示，对于 SIP 注册消息，转发至 RegTask 模块进行处理；如果是自定义网络服务通信协议注册消息，则转发至 ServiceTask 模块。

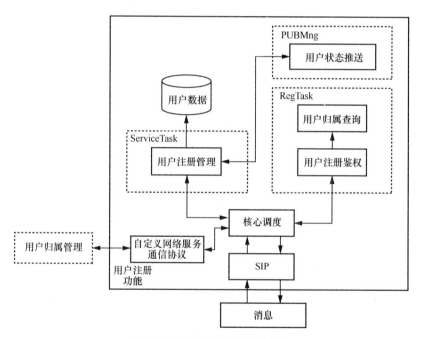

图 6-9　用户注册功能及内部关系

　　核心调度模块接收到 SIP 注册请求后，需要进行用户注册鉴权以及用户归属查询，然后将 SIP 注册消息中携带的用户数据转换为自定义网络服务通信协议的注册请求，并进行转发，最后，由用户注册管理模块对自定义网络服务通信协议注册请求进行处理。

　　当接收到自定义网络服务通信协议注册请求以后，需要判断该消息所携带的用户数据是否归属于本节点。如果不归属于本节点则直接转发，如果归属于本节点则对用户状态数据进行存储，并调用 PUBMng 模块进行用户状态推送，实现用户上线通知功能。因此，订阅该用户状态的所有用户都能够及时收到通知，从而更新该用户的信息，实现数据同步。

6.3.5 会话管理

会话管理功能及内部关系如图 6-10 所示，天地一体化信息网络中，会话管理的目的是在终端及天基网络节点移动时，保障多媒体业务的实时持续通信。对于点到点的多媒体实时通信业务，会话管理分为 3 个阶段，分别是呼叫建立、数据传输控制，以及呼叫结束。呼叫建立过程不是简单的消息报文单方向传输，而是会话双方的信息交互，包括传递各自的终端地址和端口，以及支撑多媒体数据流的相关信息等。呼叫建立后，多媒体数据流可以通过终端及天基网络进行端到端的数据传输。多媒体实时通信对于移动性管理的要求更为苛刻，终端需要及时检测自身地址的变化，以便及时重新发送会话重连请求，保证通信过程的持续性。

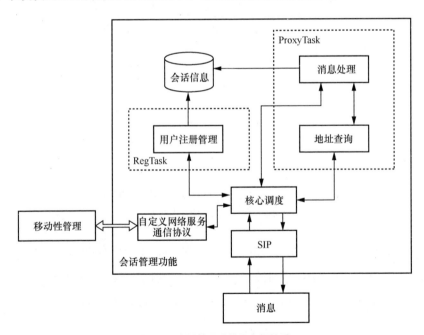

图 6-10 会话管理功能及内部关系

会话管理过程需要借助 SIP，同时配合 RTP 等相关协议才能最终实现。与传统会话管理不同，天地一体化信息网络中，由接入星负责会话状态维护以及会话消息转发。被叫方请求发送至其所属的接入星，返回的 ACK 通过接入星主动寻址，并不依赖 ACK 携带的 route 字段转发，从而解决被叫方的移动性问题。

会话管理过程中，用户终端至天基网络使用 SIP 进行注册，之后转换为会话控制服务内部协议进行用户注册鉴权。天基网络会话控制服务节点负责接收并转发用户终端 INVITE 请求及其响应、主叫及被叫用户寻址、会话状态维护、会话数据统计等。当终端切换至不同的接入星网络时，其 IP 地址将发生变化，因此需要发送 re-INVITE 请求至会话中的另一方，以维护会话持续进行。

|6.4 会话控制流程|

6.4.1 SIP 注册过程

SIP 注册过程如图 6-11 所示。为便于会话控制服务工作流程的描述，本节在涉及会话控制服务内部所需的"自定义网络服务通信协议"时，均以 RSC 作为简称。

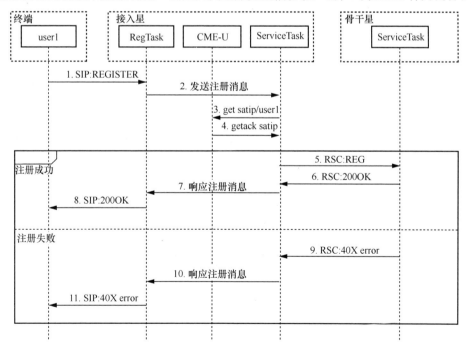

图 6-11 SIP 注册过程

步骤 1：SIP 终端采用 SIP 向接入星注册。

步骤 2：RegTask 模块处理请求，向 ServiceTask 发送注册请求。该过程的目的是将终端的异质性消息转换为内部统一的自定义网络服务通信协议（即 RSC）消息。

步骤 3：ServiceTask 代理用户向骨干星网络发起注册。

步骤 4：如果注册成功，骨干星网返回 200OK。

步骤 5：ServiceTask 模块向 RegTask 返回注册响应消息。

步骤 6：RegTask 接收到请求后，发送 200OK 的响应消息。

步骤 7：如果注册失败，骨干星返回 40X 错误信息。

步骤 8：RegTask 接收到响应之后，将该 RSC 消息转换为 SIP 消息返回给终端。

6.4.2 SIP 会话控制过程

SIP 会话控制主要过程如图 6-12 所示。

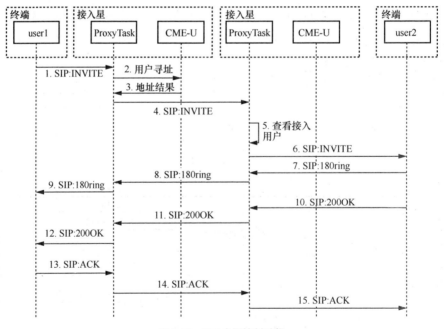

图 6-12 SIP 会话控制过程

步骤 1：接入星接收到 INVITE 请求后，添加 record-route 字段，并获取被叫用户接入星地址。

步骤 2：接入星得到响应后，将消息取出，添加 route 字段后将消息转发至被叫用户归属的接入星。

步骤 3：user2 的接入星收到 INVITE 请求之后，查看接入星用户信息，并将消息下发至终端。

步骤 4：user2 被叫方接收到 INVITE 请求后，回复 180ring 以及 200OK。接入星处理时则根据 INVITE 携带的 VIA 头字段进行转发。

6.4.3　SIP 重新连接过程

SIP 重新连接过程如图 6-13 所示。

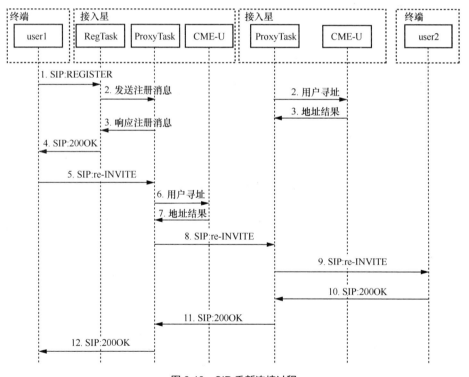

图 6-13　SIP 重新连接过程

步骤 1：终端 userl 切换到新的接入星，或者自身的 IP 地址发生变化时，重新向天基网络鉴权。

步骤 2：鉴权后终端 userl 向当前的接入星发起 re-INVITE 请求。

步骤 3：当前的接入星根据该请求所携带的相关信息进行用户寻址。之后，将 re-INVITE 请求转发至被叫接入星。

步骤 4：被叫终端收到 re-INVITE 请求后，按请求中的 SDP 内容更新对端信息，回复 200OK，从而维持会话。

6.4.4 会话代理流程

会话代理流程如图 6-14 所示，该流程主要描述 SIP 会话建立过程中，终端接入低轨卫星节点时，会话控制服务对 SIP 会话消息的处理过程。

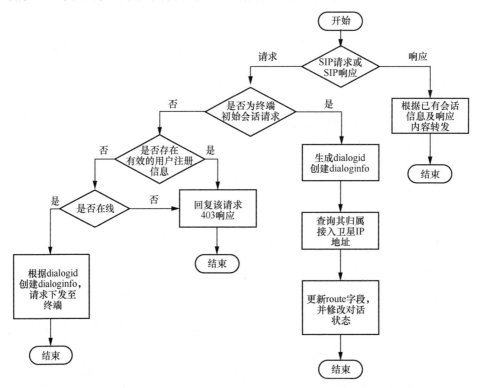

图 6-14 会话代理流程

步骤 1：当 ProxyTask 接收到 SIP 消息时，首先判断该消息是响应消息还是请求消息。如果是 SIP 响应消息，则根据节点已有会话信息及响应内容转发消息；如果是 SIP 请求消息，则进入下一步骤继续处理。

步骤 2：根据 SIP 头部 VIA 字段信息判断该 SIP 消息是否为终端发出的初始会

话请求。如果是则进入下一步骤继续处理，否则转至步骤 6。

步骤 3：根据 SIP 消息的 from 字段、to 字段、callid 字段生成唯一的 dialogid，创建 dialoginfo，并保存会话信息。

步骤 4：根据 to 字段，构造 RSC 消息，发出 RSC 消息请求查询目的用户 ID 所归属的接入星 IP 地址。

步骤 5：得到响应后，更新 SIP 头部 route 字段，填写内容为得到的接入星 IP 地址，强制路由转发，并修改会话及事务状态。

步骤 6：由于该 SIP 消息不是终端发出的初始会话请求，而是从其他骨干节点或接入节点发出的会话请求，因此需要查询节点本地维护的用户注册数据。当查询到该用户数据，且该用户在线时，根据生成的 dialogid 创建 dialoginfo 并存储会话信息，修改会话状态，然后将请求下发至用户终端；若用户注册数据不存在、用户注册信息失效或不在线，则返回错误信息，会话建立过程结束。

上述过程概要性地描述了会话建立阶段对 SIP 消息的处理方式，在会话管理的其他阶段，SIP 消息的处理方式基本类似，即基于 SIP 消息类型，判断该消息是需要会话管理内部处理，还是仅需转发。

| 参考文献 |

[1] 吴晓丽，梁欣媛. 天地一体化网络共性服务支撑技术探讨[J]. 软件，2018，39(11): 238-242.

[2] 李其昕. 天地一体化网络服务支撑平台共性业务控制能力的设计与实现[D]. 北京：北京邮电大学，2018.

[3] 程学斐. 天地一体化网络共性支撑平台中星群组网管理能力的研究与实现[D]. 北京：北京邮电大学，2018.

[4] 刘继凯. 基于网络虚拟化的会话控制技术研究[D]. 西安：西安电子科技大学，2018.

[5] 李贺武，吴茜，徐恪，等. 天地一体化网络研究进展与趋势[J]. 科技导报，2016，34(14): 95-106.

[6] 王家胜. 中国数据中继卫星系统及其应用拓展[J]. 航天器工程，2013(1): 1-6.

[7] 江卓，吴茜，李贺武，等. 互联网端到端多路径传输跨层优化研究综述[J]. 软件学报，2019，30(2): 302-322.

[8] 童炜，陈松. 分布式 IMS 媒体会话控制技术研究[J]. 通信技术，2012，45(4): 3.

[9] 姜怡，周越，白雪茜，等. 新一代多媒体实时通信系统架构增强演进研究[J]. 电信科学，2022，38(4): 156-166.

[10] 张毅, 翟秀军, 杜学绘, 等. 一种基于会话管理的星间链路拥塞控制机制[J]. 信息工程大学学报, 2016, 17(1): 53-58.

[11] 李飞萍. IMS 交换与现代通信的融合技术以及发展[J]. 通讯世界, 2020, 27(1): 96-97.

[12] FEAMSTER N, REXFORD J. The road to SDN: an intellectual history of programmable networks[J]. ACM SIGCOMM Computer Communication Review, 2014, 44(2): 87-98.

第 7 章

网络管理服务

网络管理服务是天地一体化信息网络的管理控制部分，借助基础设施虚拟化和微服务架构等技术，从用户应用视图、管理功能视图、系统集成视图出发构建网络管理体系，通过采集通信网络、通信服务、星地基础设施等管理对象的各类基础运行数据，实现天地一体化信息网络的部署开通、运行状态监控、配置管理、故障维护以及各类通信服务的运行状态管理等功能。

| 7.1 概述 |

从广义概念上讲,天地一体化信息网络的管理不仅涉及整个网络的管理控制功能,还包括天基网络的测控、运控,以及应用管理和运维等功能。从狭义概念上讲,天地一体化信息网络的管理仅指网络的管理控制功能。本书所述内容仅涉及天地一体化信息网络管理的狭义范畴,即仅关注天地一体化信息网络中有关网络管理控制的内容。

天地一体化信息网络在物理空间上包含地面网络、天基网络多个层级,覆盖陆地、海洋、天空和太空等多域,涉及天空地各类信息节点和用户,是保障国家利益向外拓展的重要依托。天地一体化信息网络具有异构网络互联、拓扑动态变化、传播时延高、时延方差大、卫星节点处理能力受限、为全球各类用户提供差异化服务等特点,其设备复杂、管理功能多样以及系统规模庞大,使得天地一体化信息网络的管理功能不能直接使用地面网络管理系统中成熟的网络管理架构和协议,这增加了天地一体化信息网络的日常管理和安全运行的难度,需要网络管理服务来实时掌握地面设备、星载设备的性能状态,检测、定位、修复网络故障及优化网络资源配置。

天地一体化信息网络功能复杂、规模庞大、业务需求多样,传统的网络管理架构已不能满足天地一体化信息网络的灵活性和适应性等新要求。在传统网络管理系统中，功能模块之间缺乏互操作性，且采用紧耦合的设计方法，导致网管系统灵活性差，难以适应天地一体化信息网络的管理需求，难以实现系统的按需部署以及功能的灵活重组。天地一体化信息网络要求网管系统能够快速部署和更新，通过管理功能的松耦合设计，适应不同管理范围和管理要求，实现网络的按需配置、功能重组和动态组织。

为了实现天地一体化信息网络运行的可靠和安全，网络管理服务需要具备以下特征。

（1）良好的可扩展性

在天地一体化信息网络中，大部分卫星组网节点都运行在各自的轨道上，网络的拓扑结构不断变化，除此之外，空间的恶劣环境也会对节点之间的通信造成较大的影响。网络管理服务必须能够及时适应网络的动态拓扑变化，具备良好的可扩展性和可伸缩性，满足天地一体化信息网络的规模和结构需求。

（2）较高的时效性

目前，主要使用的网络管理协议有两种：公共管理信息协议（common management information protocol，CMIP）和简单网络管理协议（simple network management protocol，SNMP）。其中，CMIP 采用面向对象的管理机制，但设计复杂；SNMP 由于比较简单，已成为事实上的网络管理标准。然而，传统的 SNMP 并不是针对卫星组网设计的，因此，需要根据天地一体化信息网络的特点设计相应的网络管理协议，使之适应星地一体组网的运行特点，确保管理的灵活性和时效性。

（3）服务框架开放、即插即用

天地一体化信息网络具备复杂、异构以及动态变化的特征，传统的通信网络管理系统的架构和功能设计已不能满足要求，需要根据天地一体化信息网络的特点，基于微服务和云化架构，建立面向服务的综合性网络管理平台，满足即插即用、柔性组合、抗毁容灾的需求，使其在应对上层应用任务时更具灵活性，以确保网络管理系统能够具有更好的维护性、更大的灵活性。

（4）网络资源按需调配

相对于地面资源，星上资源显得尤为宝贵。卫星的发射成本和运行成本与其重量成正比，且入轨后的资源通常是不可扩充的。因此，需要合理分配天地一体化信息网络的资源、安排任务的执行顺序，必要时可以人工或自动方式重新配置网络节点，实现网络功能的动态重组、网络服务的自动配置、部署方式的按需调整。这就要求网络管理服务能根据网络或者任务的变化，按需动态调控传输、交换、计算和存储等资源，在最短的时间内最大限度地满足不同用户的资源需求。

7.2 天地一体化信息网络管理面临的挑战

天地一体化信息网络具有异构网络互联、拓扑动态变化、传播时延高、时延方差大、网络节点暴露、信道开放及卫星节点处理能力受限等特点，给网络管理服务的设计带来巨大挑战，主要体现在以下几个方面。

（1）网络结构高度复杂

天地一体化信息网络中，卫星节点的不断运动导致了网络拓扑的动态变化。低轨卫星相对地面高速移动，地面站不断更替，多节点的多连接增加了网络的复杂性，同时，低轨卫星节点的运动导致不同轨道卫星节点之间的距离发生变化，从而使得不同轨道面上的卫星节点之间的星间链路发生断开，造成其拓扑结构不断发生变化。天基网络的多节点、异构性和低轨卫星的高度动态性，都使网络管理面临着极大的困难。

（2）天基网络资源稀缺分散

卫星成本较高，一旦发射无法根据用户需求扩充星上资源，因此，星载计算、存储、频谱等资源都非常稀缺。同时，由于天基网络节点和拓扑结构动态变化，星上资源位置随之动态变化，加上卫星与卫星之间距离较远，星间资源相对独立，因此星上资源分散，处理困难，资源管控复杂。

（3）管控对象复杂多样

网络管控对象涉及高轨、低轨以及地面等各类节点，通过组网使得各节点互联形成"一张网"，节点数量众多且功能各异，不仅要实现天地一体化信息网络设备状态及参数的管控，还要实现频率、功率、带宽以及地址、标识等网络资源的管控，管控对象和管控信息复杂多样。

（4）业务需求差异化

面向全球服务的天地一体化信息网络与传统的专用卫星通信系统不同，需要为民商用户提供不同等级的网络服务，将同时承载话音通信、宽带接入、数据中继等各类差异化的业务，各类业务对服务质量及网络资源要求各异。传统面向网元的管理模式难以适应多样化业务对网络资源差异化使用的需求，需结合天地一体化信息网络特点开展适应性设计，实现网络资源灵活管理以及用户服务快速响应。

|7.3　网络管理技术现状|

网络管理是网络持续、高效、稳定、可靠运行的基础。与其他通信网络相比，天地一体化信息网络具有异构网络互联、拓扑动态变化、传播时延高、时延方差大、卫星节点处理能力受限等特性，增加了管理的难度。当前，天地一体化信息网络的管理并没有一个统一的标准，地面网络的管理技术难以直接照搬到天地一体化信息网络中，目前对于卫星网络管理的研究主要从以下几个方面展开：网络管理模式、网络管理技术体系、网络管理协议。

7.3.1　网络管理模式

根据信息收集和通信方式的不同，卫星网络管理模式可分为以下 3 种：集中式网络管理、分层式网络管理和分布式网络管理。

7.3.1.1　集中式网络管理模式

在集中式网络管理模式中，管理者位于地面上的网络管理中心（简称网管中心）。每个卫星节点都有一个代理，代理将来自网管中心的命令或信息请求转换为星上设备特有的指令，完成管理操作或返回设备的状态信息，地面网管中心负责发出管理操作指令并接收来自代理的信息，网管中心负责维护整个网络管理信息库（MIB），集中式网络管理模式如图 7-1 所示。

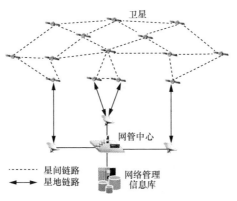

图 7-1　集中式网络管理模式

集中式网络管理模式的优点是结构简单、管理方便、易于实现，其缺点是网络规模受限、扩展性差等，具体表现在以下几个方面。

（1）网络管理开销大

集中式网络管理模式下，网管中心接入节点需要与所有网络内节点建立直接或间接的网络连接。所有网络管理指令需要发送到每一个组网成员，执行结果也要返回网管中心，导致网络管理开销变大。

（2）网管中心复杂

为确保网络的正常运行，需要在网管中心配置各类组网参数，导致网管中心异常复杂，同时网管中心使用人员需要了解和掌握各个信道的参数和特性，对人员、设备以及带宽要求都很高。

（3）网络管理时延不可控

集中式网络管理模式中，网管中心通过多级连通链路对处于网络边缘地带的成员进行网络管理，网络管理指令时延随级数变大。在实际的天地一体化信息网络中，越处于边缘地带的网络成员变化越快、管理需求越高、对时延越敏感。

因此，从可扩展性、网管中心复杂度、网络管理时延等多方面考虑，集中式网络管理模式不适用于天地一体化信息网络。

7.3.1.2 分层式网络管理模式

分层式网络管理模式中，网管系统有多个网管分中心和一个网管总控中心，每个网管分中心所负责管理的卫星子网被称为管理域，分层式网络管理模式如图 7-2 所示。

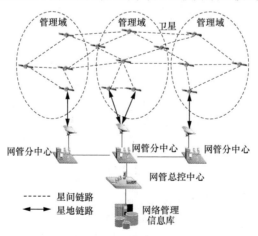

图 7-2 分层式网络管理模式

分层式网络管理模式对集中式网络管理模式进行了改进，有效地扩充了可以管理的网络规模，同时也出现了不同子网间协调困难的问题。分层式网络管理模式中的网管分中心可以有效地管理自身区域内部的网元，但是当多个子网之间协同完成既定工作时，需要由网管总控中心在多个子网之间进行协调。在民用有线/无线网络中，用户对于时间的敏感度较低，子网之间可以通过网管总控中心进行调度。在天地一体化信息网络中，边缘用户活跃，更多为跨管理域的广域通信，采用中心调度的网络管理模式会导致协调困难。

7.3.1.3　分布式网络管理模式

分布式网络管理模式是在网络中设置多个群管理中心，形成多个管理域，将网络管理任务分散和网络监控分布于整个网络，分布式网络管理模式如图 7-3 所示。

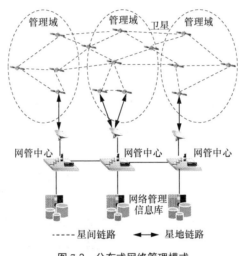

图 7-3　分布式网络管理模式

分布式网络管理模式中，每个网管中心都能获取整个网络的管理信息，管理系统可靠性高，缺点在于管理信息的同步与协同具有一定的难度，需要增加协同信息获取的能力。

7.3.2　网络管理技术体系

国际电信联盟电信标准部（ITU-T）提出的电信管理网（TMN）模型长久以

来一直指导着电信领域的网络管理建设。电信管理论坛（TMF）对 TMN 管理层次模型进行了深入的研究，提出了增强电信运营图（Enhanced Telecom Operations Map，eTOM）和下一代运营支撑系统（New Generation Operations System and Software，NGOSS）的电信运营管理框架。IT 服务管理论坛（ITSMF）提出的信息技术基础设施库（ITIL），实现面向 IT 服务管理的流程框架。

（1）TMN 技术体系

TMN 是描述电信网管理活动和信息模型的最成熟的网络管理技术体系。TMN 功能分层模型，自下而上分为：网元管理层、网络管理层、业务管理层和事务管理层。TMN 包含 FCAPS（fault, configuration, accounting, performance and security）五大管理功能域，即故障管理、配置管理、性能管理、安全管理和记账管理等。

随着分布式计算技术、面向服务的软件体系的不断发展和网络管理需求的不断变化，ITU-T 现有的标准还不能覆盖 TMN 功能分层模型的所有层次，仅仅覆盖了一个狭义的网络管理范围，缺乏对业务管理、事务管理以及更高抽象级别的运维管理活动的规范，难以满足以用户为中心的需要。

（2）eTOM 技术体系

eTOM 是一种业务流程模型或框架，它为服务提供商提供所要求的企业流程。eTOM 从业务视图的角度进行需求描述，对业务流程进行分析和设计。随着 eTOM 业务模型的不断发展和丰富，任何包含在知识库内的模型，都可成为一个需求的互动资源，在模型中分解出来的流程可以直接与系统及实施组件连接，满足各类业务流程的要求，这也实现了流程的复用。

eTOM 是 TMF Framework 标准的重要组成部分，它定义了层次化的业务流程，尽可能细致地分解了企业内部 IT 管理流程。基础电信企业在利用 IT 系统向用户提供服务的过程中，不可避免地遇到工作并行和资源重复性投入的问题，通过结合 ITIL 和 eTOM 两种成功的 IT 服务管理框架，可以实现资源的高效统一与流程的细致管理。

（3）NGOSS 技术体系

NGOSS 是 TMF 提出的新一代电信运营企业运营/业务支撑系统（OSS/BSS）的技术体系，希望为电信网的不断演进提供保证。NGOSS 强调自上而下、端到端的运营管理支持，充分体现"以客户为中心"的运营原则，它以 TMN 的电信管理网框架模型为基础，以 eTOM 的管理需求为出发点，重新定义了运营支撑系统与软件所应具有的体系结构特征。

NGOSS 的体系结构包括 NGOSS 的生命周期和方法论、eTOM、共享信息数据（SID）、技术中立架构（TNA）以及系统一致性测试等五大部分，其中 NGOSS 的生命周期和方法论是 NGOSS 的核心，另外 4 部分分别在 NGOSS 生命周期的不同阶段发挥作用。

NGOSS 的生命周期包括业务（business）、系统（system）、实现（implementation）和运行（runtime）4 个视图。总体上来说，NGOSS 从上述 4 个视图来反映不同使用者所关心的问题，随着 4 个视图的循环来提升和构造整个企业完整的信息化体系架构。

（4）ITIL 技术体系

ITIL 由 IT 服务管理论坛制订，是一个探讨如何交付高质量 IT 服务最佳实践的方法框架。该方法框架面向服务，能帮助决策者判断 IT 基础架构的哪些方面值得投资，以及如何实现目标投资收益最大化。ITIL 以服务管理为核心、服务战略为指导，建立详尽的、面向 IT 服务的流程框架，通过服务设计、服务转换、服务运营，使整个过程条理化。

ITIL 框架主要包含业务管理、服务管理、IT 基础架构管理、安全管理、应用管理等模块，最主要的是服务支持和服务提供，它们隶属于服务管理。

① 业务管理：IT 服务的提供者应首先考虑企业的业务需求，并把业务作为搭建信息管理系统的最小单位，一般情况下，根据业务系统的需求量能够计算出企业 IT 资源的总需求。

② 服务管理：服务管理是 ITIL 的核心单元，根据 ITIL 框架模型可以将 IT 管理活动总结为 10 个核心流程和 1 个职能管理，将核心流程的概念融入运维服务管理，通过这些流程，利用职能管理调度开展相关的 IT 管理工作。

③ IT 基础架构管理：该过程覆盖了配置管理的所有方面，包括识别业务需求、实施与部署、对基础设施进行支持和维护等工作。

④ 安全管理：为 IT 系统安全需求的确定建立管理与服务中的安全对策，为处理安全事件的流程制定提供指导和借鉴。

⑤ 应用管理：应用管理模块为 IT 服务提供者提供积极有效的管理协调，使它们能够实时、可靠地为客户的业务提供必要的技术支持和可靠的管理服务。

⑥ IT 服务管理规划与实施：为整合系统流程中的 ITIL 各模块提供指导，从而

协助客户制定 IT 资源基础设施的规划目标，根据分析现状的结果，提供统计数据，给出合理的规划目标与当前现状的距离。

7.3.3　网络管理协议

网络管理协议是网络管理中最重要的组成部分，它定义了管理者与网管代理之间的通信方法，传递着管理信息数据。目前在通信网络中广泛使用的 2 种协议为公共管理信息协议（CMIP）和简单网络管理协议（SNMP）。

CMIP 是 ISO 和 ITU 针对 7 层协议参考模型共同制定的面向目标的通用管理协议，用来提供标准的公共管理信息服务，主要在电信管理网（telecom management network，TMN）中使用。CMIP 结构如图 7-4 所示，整个协议模型分为 3 个部分，远程操作服务元素（remote operation service element，ROSE）负责建立和释放应用层的链接；连接控制服务元素（association control service element，ACSE）负责建立和拆除管理者与网管代理之间或者管理者与管理者之间的通信；公共管理信息服务元素（common management information service element，CMISE）负责在对等层对网络管理信息进行传输。

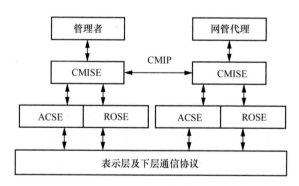

图 7-4　CMIP 结构

SNMP 是因特网工程任务组（IETF）提出的管理 TCP/IP 网络的网络管理协议，采用了网络管理的基本模型——管理者/网管代理模型来监视和控制网络上的被管设备，是目前使用最为广泛的标准网络管理框架。基于 SNMP 的管理框架主要由管理者、网管代理、管理信息库（MIB）和报文组成。SNMP 结构如图 7-5 所示。

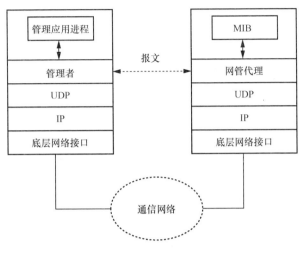

图 7-5　SNMP 结构

　　CMIP 本身设计复杂，不适用于天地一体化信息网络。相对来说，广泛应用于地面互联网的 SNMP，由于其通信模型、信息模型比较简单，代理端耗用的 CPU 资源比较少，更适合于天地一体化信息网络。SNMP 目前主要有 SNMPv1、SNMPv2、SNMPv3 3 个版本：SNMPv1 是网络管理最为原始的标准，但由于其在安全性方面的弱点，现主要用于网络监视，还不能广泛应用于网络的控制等；SNMPv2 作为 SNMPv1 的改进版本，虽然增加了块数据传递原语，安全性有所增强，但安全问题仍然是它的一个严重不足；SNMPv3 通过采用一种基于用户的安全模型认证（user-based security model，USM）机制来有效防止篡改信息和假冒加密方案，虽然 SNMPv1 和 SNMPv2 的安全问题在 SNMPv3 中得到了极大的改观，但该版本在增强系统安全性的同时，也增大了系统的消耗，表现为 SNMPv3 具有比 SNMPv1 更长的消息长度，带来了比 SNMPv1 更高的网络流量和计算时间，这在资源受限的卫星网络中无疑是一种巨大的浪费。

　　为了使 SNMP 更加适用于天地一体化信息网络，需要对它进行相应的修改。修改时可参考现有的 SNMPv2 版本的协议，在安全性方面对协议进行改进，同时要对 SNMPv2 的冗余部分进行删减，使其能够适应空间环境下误码率高、时延大和网络拓扑动态变化等特点，同时满足低复杂度、低需求配置、低处理管理授权和数据完整性验证以及可配置性等天地一体化信息网络的管理要求。

7.4 网络管理服务技术架构

网络管理服务参考 TMN 规范，并融合 NGOSS/eTOM 和 ITIL 面向服务的管理思想，实现 TMN、eTOM 和 ITIL 的融合。网络管理服务从以网络资源管理为中心、自下而上的管理模式向以用户为中心、自上而下的现代管理模式转变，以满足天地一体化信息网络全新的管控需求。网络管理服务技术架构如图 7-6 所示。

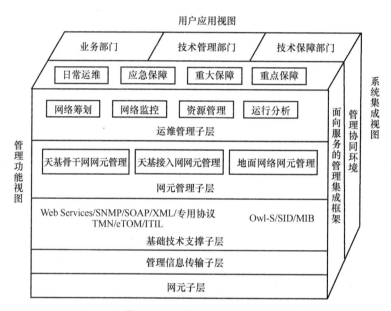

图 7-6　网络管理服务技术架构

网络管理服务技术架构包括用户应用视图、管理功能视图、系统集成视图。3 个视图分别从不同的视角描述网络管理系统的管理行为、管理活动与管理实施等要素。

7.4.1　用户应用视图

用户应用视图是网络管理服务能力的集中体现，它从系统整体运维角度，面向用户应用，考虑不同功能系统在管理活动中的角色与定位，充分体现不同功能系统对一体化管理的贡献。

网络管理服务能够对日常运维、应急保障、重大保障、重点保障等多样化通信保障任务提供一体化的网络运维支撑能力，为各级各类用户应用部门进行网络、业务与应用的组织、规划、运行、维护、管理提供有效的技术保障手段；网络管理服务能够为各类管理应用提供柔性扩展、即插即用、按需服务、安全可信的运维支撑环境，为多样化任务条件下的业务部门、技术管理部门、技术保障部门提供多维的网络化的信息保障支持，为用户获取信息优势并快速转化为决策优势提供有力支撑。

7.4.2　管理功能视图

网络管理服务实现天地一体化信息网络管理平面全功能域管理，完成拓扑管理、故障管理、配置管理、性能管理、安全管理等网元级、网络级设备管理，完成系统级资源管理与控制，实现基于策略的分布式业务管理能力，实现以用户为中心的事务处理及运维管理。

网络管理服务的管理功能视图包括 5 层结构，分别是：网元子层、管理信息传输子层、基础技术支撑子层、网元管理子层以及运维管理子层。

（1）网元子层

网元子层主要包括天基网络、地面网络的各类网元设备。天地一体化信息网络所有的网络资源（包括物理资源、逻辑资源）构成了网元子层的各类要素。这些要素是网络管理服务需要管理的对象。网络管理服务的一个重要目标就是使得网络中各类要素能够协调工作、能够发挥最大效能。

（2）管理信息传输子层

管理信息传输子层是构建各类应用系统之间、上下级应用系统之间以及管理应用系统与被管对象之间信息沟通的通道。

（3）基础技术支撑子层

各类管理应用系统都要基于统一的技术体制进行设计，基础技术支撑子层规定了各类管理应用系统需要遵守的最基本的技术规范。基础技术支撑子层主要提供各种通信协议、Web 服务定义与描述、数据定义和描述、信息建模等。

（4）网元管理子层

网元管理子层实现对天基骨干网、天基接入网、地面网络各类网元的管理，完成被管网元的控制、管理和协调，对被管网元的数据进行维护。网元管理子层主要由相应的网元管理系统实施。网元管理系统或直接面向网元设备接口,完成网元的配置和网元状态、故障、告警等信息的采集。

（5）运维管理子层

在运维管理子层,主要实现天地一体化信息网络的资源管理、统一规划和统一监控。对系统资源进行分类,为实现网络资源动态调度提供支撑;根据任务需求进行统一规划、参数生成下发、网络开通运行,并在系统运行过程中收集网络设备运行状态、设备故障告警、资源利用情况等网络运行状态信息,形成运行数据资源,进行实时或离线数据分析,为系统提供统一的资源数据维护、系统开通部署、运行态势监视、运行动态调整、业务保障能力分析等系统运行维护能力。

7.4.3　系统集成视图

系统集成视图是网络管理服务展示系统能力的关键。网络管理服务由众多分系统、子系统组成,使用部门、人员众多,应用的地域广,管理的网元种类多、数量大,并且使用的场景多样化。为了使得各管理应用系统发挥最大效能,有必要建立统一的面向服务的集成框架,实现一致的管理协同操作。

（1）面向服务的管理集成框架

建立统一的管理集成框架,提供网络管理服务内部各管理模块的软件集成和运行平台,规范各级各类管理软件的组织结构和操作风格,并充分考虑与其他网络运维管理系统的关系,统一规划、统一组织、统一体制。

面向服务的管理集成框架包括管理界面集成框架以及管理服务综合集成两部分内容。

管理界面集成框架提供强大的开放性开发平台,能够方便用户集成自己的应用程序,实现对具有若干模块界面的复杂应用程序的快速集成和统一展现,并且这些应用程序能够得到底层的数据支持和功能支持。

管理服务综合集成是保障管理业务高效运转的基础。通过管理服务的综合集成,实现特定的管理需求,按需提供特定的管理功能。

网络管理服务实现以服务总线为核心的管理服务综合集成框架,减少系统复杂度,提高集成效率,实现系统级全局服务的重用与重组支持能力,增强系统可扩展性、安全性可靠性、可用性和敏捷性。

（2）管理协同环境

管理协同环境主要解决网络管理服务中不同管理模块之间、不同管理服务之间、上下级运维管理系统之间、网络管理服务与其他信息系统之间的协同工作问题。

网络管理服务实现模块化能力的集合，这些模块化能力可以基于动态变化的需求进行装配或重组。这种方法并不排除创建层次化的功能栈；但是，其基本设计是水平的而不是垂直的。网络管理服务只有采用面向服务的体系结构，才能更好地支持天地一体化信息网络应用。

管理协同环境将大大提高网络管理服务的敏捷性、可扩展性、抗毁性，以及对不断出现的新的管理需求的适应能力，增强支持多样化任务需求的灵活性。

|7.5　网络管理服务功能组成|

天地一体化信息网络采用控制平面与业务平面分离的技术体制，通过分类分级的方式实现网络管控，主要包括天基骨干网管控中心、天基接入网管控中心、天地一体管控中心、地面骨干网管控中心、地面网络管控中心等，天地一体化信息网络管理体系如图 7-7 所示。

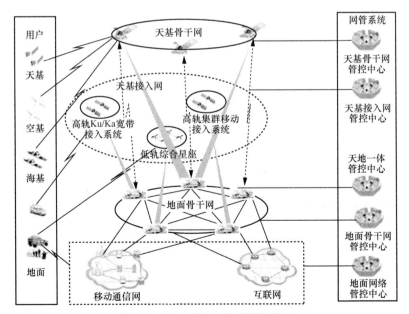

图 7-7　天地一体化信息网络管理体系

网络管理服务按照"地面整合、天基增强、天网地网、天地互联"的分层分布式管理体系来设计，分为地面设施和空间设施两部分。地面设施是网络管理服务功能主体所在，在传统的运维管理等基础上进行优化，体现一体化、网络化管理特征；空间设施是地面设施的天基延伸和重要补充，实现全球覆盖能力。空间管理设施通过骨干网与地面连接，与地面管理功能主体协同完成管理任务。

网络管理服务采用分层设计，包括基础设施、专业管理子层、综合管理子层。网络管理服务功能组成如图7-8所示。

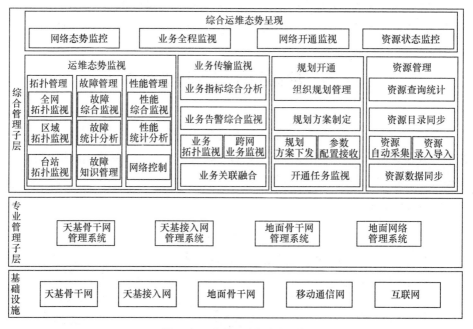

图 7-8　网络管理服务功能组成

基础设施包括天基骨干网、天基接入网、地面骨干网、移动通信网、互联网。

专业管理子层包括天基骨干网管理系统、天基接入网管理系统、地面骨干网管理系统、地面网络管理系统等，以实现对天基骨干网、天基接入网、地面骨干网、移动通信网、互联网等基础设施的控制和管理。各专业管理系统需要向综合管理系统上报各类资源数据和运维管理数据，并接受规划开通等流程和指令，完成协同保障。

综合管理子层提供运维态势监视、业务传输监视、规划开通、资源管理等功能，实现综合运行态势呈现和一体化管控。综合管理子层从全局态势感知监控的角度，实施对全系统的态势感知与融合分析、态势综合呈现、资源状态监控等，通过态势分析和呈现的模型，生成和呈现各类专题态势和综合态势，形成天基骨干网、天基接入网、地面骨干网、移动通信网、互联网等的综合态势，并能按需推送和分发给其他应用系统使用。

（1）综合运维态势呈现

综合运维态势呈现提供对天地一体化信息网络各类网络态势、业务全程、网络开通、资源状态的综合监视，主要包括站点拓扑信息、链路通断状态、实时故障信息等，生成网络运行态势。

（2）运维态势监视

运维态势监视包括拓扑管理、故障管理、性能管理等。

天地一体化信息网络卫星轨道高度存在差异，星间链路的传播时延变化也不相同，需要实现对天地一体化信息网络全网的拓扑管理，为网络的各项任务提供支持。天地一体化信息网络中，卫星的动态运行、空间环境的因素会使星间链路处于不断的通断变化状态之中，给实时拓扑发现和同步带来困难，一般采用集中的轮询方式或由网络中卫星节点上的代理主动上报的方式完成拓扑信息的收集。

故障管理可以借鉴现有故障诊断技术，利用天地一体化信息网络中的规律性降低故障诊断的复杂度，提高诊断的精度，同时减轻网络通信负载、降低诊断时延。节点级故障诊断从全网故障检测的角度出发，检测速度快，通信负载小，但故障定位的粒度粗；载荷级故障诊断涉及的设备细节较多，直接将载荷级故障诊断用于全网的故障诊断，过程会过于复杂，诊断时延较长。因此，为了适应天地一体化信息网络故障检测中高准确度和低网络负载的要求，需要综合节点级故障诊断和载荷级故障诊断的优点，采用两者相结合的诊断方法，逐层细化诊断粒度，降低故障诊断的复杂性。

性能管理是网络管理服务的重要组成部分，天地一体化信息网络承担航天支援、抢险救灾、反恐维稳等业务，网络性能的好坏直接影响工作效率。性能管理包括性能综合监视、性能统计分析、网络控制 3 个部分。性能综合监测是指收集和整理网络的工作状态信息，以此作为性能统计分析和网络控制的依据；性能统计分析是指通过收集的网络工作状态找出已经发生或潜在的性能瓶颈，预测并报告网络性能的变化趋势，为网络控制提供决策依据；网络控制是指为改善网络的性能而采取的动作和措施，它是性能管理的高级阶段，不仅需要综合各种参数，而且需要完善的控制技术。

（3）业务传输监视

业务传输监视实现天地一体化信息网络资源状态、设备及链路告警状态、业务传输状态、链路质量信息等的融合处理，为用户提供业务传输状态呈现能力。

（4）规划开通

规划开通根据需求完成网络规划方案制定、规划方案下发、参数配置接收、开通任务监视等，为网络开通提供规划方案和运行参数支撑。

（5）资源管理

资源管理的目的是使网络中各类资源得到最大限度的合理使用，根据任务的优先级和服务质量要求确定和分配任务所需的网络资源，保证任务顺利完成。在天地一体化信息网络中，由于网络建设和运行费用高、任务类型繁多、资源有限，必须合理使用网络资源，因此需要专门的资源管理功能。

参考文献

[1] 韩卫占. 现代通信网络管理技术与实践[M]. 北京: 人民邮电出版社, 2011.

[2] 王志浩. 基于云计算的综合运维管理平台关键技术研究[D]. 石家庄: 石家庄通信测控研究所, 2018.

[3] KNELLER M. Executive briefing: the benefits of ITIL®[J]. Best Practice Management, 2013.

[4] BON J V, PICPER M, VEEN A D. Foundations of IT service management based on ITIL. 2nd edition[M]. Zaltbommel: Van Haren Publishing, 2005.

[5] RONCO E. The enhanced telecom operations map™ (eTOM) business process framework[R]. 2002.

[6] 陈化, 张春红. 面向 NGN 的运营支撑策略[J]. 通信世界, 2004(33): 32-32.

[7] 朱健春. TMN 体系结构的分析[J].武汉理工大学学报, 2002, 24(10): 89-92.

[8] 张雷. NGOSS 新一代电信运营支撑系统[J]. 通信世界, 2008(2): 61-62.

[9] 董洪杉, 窦延平. 利用 Hibernate 的 J2EE 数据持久层的解决方案[J]. 南京: 计算机工程. 2004, 30(12): 22-30.

[10] 张学占. 基于 Web 和 SNMP 的网络管理关键技术研究与实现[D]. 南京: 南京邮电大学, 2012.

[11] 王炎炎. 基于 Web 的分布式网络管理关键技术研究[D]. 西安: 西安电子科技大学, 2010.

第 8 章

网络安全服务

天地一体化信息网络信道开放、节点暴露、拓扑动态变化、网络设施技术体系庞杂，导致其网络安全环境异常复杂，安全防护手段实施难度较大。因此，需要围绕通信业务安全需求，以服务化、智能化、自主化、透明化为目标，构建安全能力可调整、安全资源可适配、安全功能可编排的全方位、多层次、变粒度的网络安全服务体系。

|8.1 概述 |

天地一体化信息网络信道开放、节点暴露、拓扑动态变化、网络设施技术体系庞杂，导致其所面临的安全威胁极其复杂。因此，天地一体化信息网络安全服务需要在物理、运行、数据和内容等多个层面上，提供全方位、多层次、细粒度的安全防护能力。

8.1.1 面临的挑战

天地一体化信息网络中，终端/卫星随遇接入、数据链路及网络拓扑高度动态、不同网元技术体系各异，为了提供全覆盖、多层次的网络安全服务，需要在物理、运行、数据等不同安全层面，采取具有针对性的抗损毁、抗干扰、防窃听等全方位的安全技术进行统一整合，构建完备的网络安全服务体系。然而，相对于传统地面网络的安全机制，天地一体化信息网络重要的战略地位及异构融合的网络特性，使其在多个方面面临着更为严峻的安全挑战。

（1）信道开放、节点暴露

天基卫星节点暴露在空中，各种网络设备、终端等经无线信道验证后即可接入天基网络，攻击者可以在此过程中实施仿冒、伪造等攻击手段。虽然地面无线传感器网络、Ad hoc 网络等也具有信道开放、节点暴露等特性，但天地一体化信息网络由于其特殊的战略地位，被攻击的可能性和攻击造成的破坏性远高于其他网络。

（2）难以维护

相比于地面网络，天基网络被攻击后难以进行快速修复或替换。虽然原理上可以通过动态重构、重新配置等方法恢复或替代其功能，但前提是该网元或功能自身具备重构能力。即使如此，重构过程需要在开放空间引入更多的信息交互，可能引发新的安全问题。

（3）拓扑高度动态变化

天地一体化信息网络中，设备不断加入或退出，安全设备部署位置不断改变，卫星高速移动，终端全球随遇接入，导致网络拓扑持续高度动态变化。因此，网络安全服务需要具备强大的动态重构能力，根据安全需求、设备能力等特征对安全防护资源进行快速的动态调配。

（4）全球覆盖、随遇接入

天地一体化信息网络的通信范围覆盖全球，能够为极地、沙漠、深空等极端区域提供通信服务，终端设备采用随遇接入的方式动态接入天基网络。这种网络接入方式导致天地一体化信息网络"物理边界模糊"，极大地增加了网络安全监管的难度。

8.1.2　网络安全服务能力需求

天地一体化信息网络包含海量的网络节点，各节点的传输、计算、存储资源有限且不均衡，导致网络不同组成部分的安全防护能力差异巨大。因此，传统静态化的网络安全体系难以应对其所面临的复杂安全挑战，亟须按需适配、动态赋能的新型网络安全服务体系，为其提供全方位、多层次的安全保障。

首先，为满足天基、地面网络差异化的安全需求，适应各类网元的技术特点，网络安全服务需要具备多层次的防护手段。在物理层面抵御物理信号窃听、拦截、注入、干扰等威胁，在运行层面防御跨网攻击、分布式拒绝服务（DDoS）等攻击手段，在数据层面抵御数据篡改、恶意拦截等安全威胁，避免数据失窃、虚假信息恶意传播等行为。

其次，网络安全服务需要具备安全数据精准采集、安全态势实时分析、安全威胁处置及时反馈等安全服务动态赋能能力。融合主动、被动的数据采集机制获取全方位的安全数据，根据网络可用资源（计算、存储、带宽资源）分布，合理规划数据汇集路径，保证网络设备安全状态的实时监测。进而，通过智能化的安全态势预警，结合安全接入、安全路由、安全认证等策略，形成柔性、一体化、多层次协同的安全防护体系。

最后，网络安全服务需要协调不同层次的安全手段和威胁防护机制，通过安全服务动态赋能，实现基于态势感知的安全服务动态编排。通过精准识别安全威胁、快速反馈安全态势，依据自主的安全威胁处置策略，动态地配置安全服务资源，完成安全威胁的快速响应。

此外，网络安全服务需要综合考虑异构网元自身的技术特点和用户的差异化安全需求，通过对不同网络的域间隔离、互联安全管控、服务资源联合优化等手段，实现天地一体化信息网络安全服务资源的全局管控。

|8.2 安全风险及防护技术分析 |

天地一体化信息网络中卫星节点暴露、信道开放、网络拓扑动态变化、各种卫星节点资源有限且分布不均。因此，其安全服务体系需要在物理、运行、数据等多个层面共同应对所面临的安全威胁，并根据各层面安全威胁的特点采取针对性的防护手段。

（1）物理层面安全

物理层面安全负责保障天地一体化信息网络的可用性和机密性，物理层面所面临的威胁主要包括物理损毁、信号干扰等。

物理损毁主要是指网络中卫星、地面站等网络基础设施的物理性破坏。太空环境中，存在诸多不可抗的自然因素，如太阳黑子爆发等，可能对卫星造成严重的威胁和破坏，进而影响网络正常运行。不仅如此，由于天地一体化信息网络重要的战略地位，卫星等设施还可能遭受人为攻击。此外，卫星、基站等网络基础设施自身的硬件故障也可能导致网络瘫痪。

信号干扰是指传输链路遭受人为或自然因素的电磁干扰。天地一体化信息网络处于复杂的电磁环境中，极易遭受恶意电磁信号、大气层电磁信号、宇宙射线等干扰，导致数据传输受到影响，甚至出现传输中断。目前，主要的人为信号干扰技术包括欺骗干扰、压制干扰等。

物理层面的安全防护主要是指对物理装置或设备的安全防护措施及手段，一般包括冗余备份技术、抗毁技术、抗干扰技术、人工噪声等。

（2）运行层面安全

运行层面安全负责保障网络系统运行过程中的可控性、可用性，网络运行过程中面临的主要威胁包括欺骗攻击、恶意程序攻击等。

天地一体化信息网络中，卫星、终端等频繁的接入和切换增加了网络节点被"冒充"的风险，使非法节点有机会"合法"接入网络，进而实施各种恶意行为。此外，恶意攻击方还可能利用网络中的安全漏洞、配置缺陷等，通过植入病毒、木马等恶意代码，远程操控或破坏网络系统，使网络业务失控、信息泄露，甚至导致网络局部或全部失效。

运行层面的安全防护主要针对网络系统的运行过程、运行状态、运行配置信息等进行保护，主要保障技术包括安全接入、安全切换、入侵检测、访问控制等。

（3）数据层面安全

数据层面安全负责保障数据在传输、处理过程中的机密性、完整性，数据传输、处理过程中所面临的主要安全威胁包括路由伪造/篡改、数据窃取等。

一方面，攻击者可能假冒合法节点加入网络，使数据经不安全的路径传输，甚至被截获、窃取；另一方面，攻击者可能伪造路由消息，恶意篡改路由，造成大量无效路由的产生，从而导致数据传播时延、传输开销大幅增加，严重降低网络性能。

数据层面的安全防护主要针对数据的传输、处理过程进行安全保护，主要的保障技术包括安全路由、传输加密、身份认证等。

| 8.3　网络安全服务功能组成 |

天地一体化信息网络的拓扑高度动态变化、信道开放、天基网络节点处理能力有限，因此，网络安全服务需要在物理、运行、数据等多个层面提供全方位的安全服务保障。

8.3.1　网络安全服务组成

天地一体化信息网络中，静态化的安全防护机制难以应对动态网络环境中的各种安全威胁，为有效降低安全风险，网络安全服务必须采用全方位、多层次、变粒度的架构方式，在不同层面、不同维度上形成柔性、可重构的动态协同安全防护体系。网络安全服务组成如图 8-1 所示，主要由安全接入、安全多域互联、安全态势分析预警、安全服务动态赋能等模块组成。

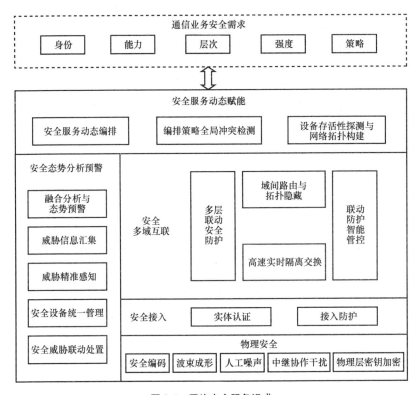

图 8-1　网络安全服务组成

为使终端、网络设备等安全地接入网络，安全接入通过实体认证、接入防护等手段，确保非授权终端、非授权网络设备不能接入网络，只有被授权的设备才能接入网络。同时，保障接入网络链路的安全。

安全多域互联负责天基网络、地面网络实体的组网安全。实现不同天基接入网、天基骨干网，以及地面网络用户之间安全地互联互通。结合网络构成、网络信息流和控制流特点，在低轨星座动态组网认证基础上，综合考虑传输链路特性，进行安全动态组网控制。同时，根据异构网络差异化的安全需求进行分级保护，通过不同网络间的域间隔离交换、互联安全管控，实现网络跨域互联的安全可控。

安全态势分析预警通过内嵌的数据采集机制获取安全数据，并依据网络资源的实时状态规划安全数据汇集时机。信息汇集后，通过融合新数据及历史数据，对网络环境和设备的安全态势进行分析，并基于分析结果对安全威胁进行预警。

安全服务动态赋能通过安全服务动态编排、编排策略全局冲突检测、设备存活性探测与网络拓扑构建等内部功能，实现终端、天基网络及地面网络节点、网络安全防护设备/系统的全域安全功能柔性重构、安全资源按需调度。

8.3.2　安全接入

安全接入是最基本的网络安全需求，是网络安全服务的必要组成部分，安全接入功能组成如图 8-2 所示。安全接入最核心的任务是对各种网络接入实体的认证，以及各种设备接入网络时的安全防护，即实体认证和接入防护。

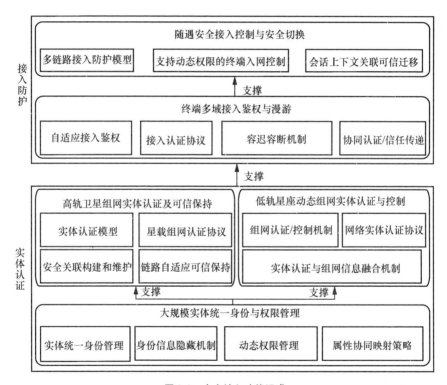

图 8-2　安全接入功能组成

天地一体化信息网络中，终端多模并存，数据传输链路频繁切换，为满足不同技术体制接入设备的安全接入和切换需求，随遇安全接入控制与安全切换主要负责多链路、多模式、多技术体系环境中，异构网络终端的随遇安全接入，以及透明的传输链路安全重建等工作。

终端多域接入鉴权与漫游主要负责并发终端的跨域协同接入鉴权，以及异构终端在网络全局范围内的多域安全漫游等工作，以满足异构网络环境中，网络终端的多域安全接入需求。

高轨卫星组网实体认证及可信保持主要负责高轨卫星组网实体的安全认证，以及高轨卫星间链路自适应的可信保持。低轨星座动态组网认证与控制的主要工作是完成低轨星座组网过程中的实体认证及安全控制。

大规模实体统一身份与权限管理实现异构网络实体身份、权限的统一管理，以及实体身份与权限的动态关联，支撑网络实体的组网认证与终端可信接入。

8.3.3　安全多域互联

天地一体化信息网络的终端类型众多、通信业务多样、安全需求各异，因此，需要提供跨域的安全互联机制，满足通信业务端到端的安全需求。安全多域互联功能组成如图 8-3 所示。

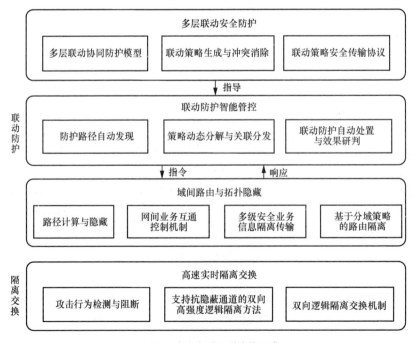

图 8-3　安全多域互联功能组成

多层联动安全防护模块根据不同安全域的技术特点，以及通信业务的具体安全需求，制定差异化的安全规则，构建动态的安全联动防护体系，从而保证通信业务的数据安全。

根据安全威胁特征和防护对象的安全需求，联动防护智能管控模块制定优化的安全策略，并结合处置对象的能力水平，生成威胁处置方案，实现安全设备的全局联动。另外，为了验证安全策略的合理性、有效性，需要对威胁处置方案的实施效果进行分析和研判，以支持安全策略的迭代进化。

此外，为了应对从物理隔离到逻辑隔离转换过程中的各种安全隐患，域间路由与拓扑隐藏和高速实时隔离交换模块提供了多层次、智能化的多级安全业务传输机制，以及各种类型的抗隐蔽通道数据交换方式，能够为不同安全等级的网络提供安全的双向传输通道。

8.3.4　安全态势分析预警

安全态势分析预警功能组成如图 8-4 所示。

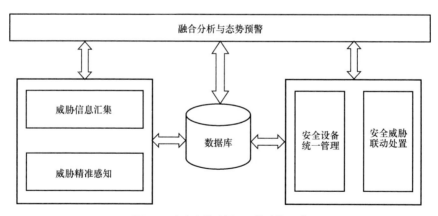

图 8-4　安全态势分析及预警功能组成

威胁精准感知模块通过分布式的安全威胁感知器、感知组件等，采集终端、网络节点和系统环境等的运行状态、安全威胁等信息。采集到的信息经过预处理后，传递至威胁信息汇集模块进行融合消冗等操作，经逐级汇集后保存至数据库。融合分析与态势预警模块从数据库中获取全部采集数据后，经过融合分析得到安全态势分析结果，并基于分析结果发布威胁预警。

威胁信息汇集模块对全网感知数据进行并发汇集，通过融合消冗、传输时机优化调度、差分传输控制等方式，实现数据的有序汇集。威胁信息汇集过程中，为保证信息汇集的动态扩展能力，模块采用可伸缩分级汇集策略，当信息汇集节点所关联的网络实体发生变化时，根据网络拓扑的变化及时调整信息的汇集层次，以提高网络资源的利用效率。

融合分析与态势预警模块主要实现安全态势要素提取、离散信息逐级关联、多维度数据分级统计、多层次安全态势分析、网络风险综合评估，以及安全态势预警等工作。融合分析基于数据库中汇集的威胁信息，利用正则表达式等方法提取安全漏洞、恶意行为、安全事件等威胁要素，进行全面、综合的分析，并给出分析结果。态势预警基于分析结果，通过多源数据关联、网络安全知识图谱识别等方法，对网络系统全局或区域的安全态势进行研判，并根据网络安全策略发布预警。

安全设备统一管理模块基于统一描述的安全策略，对各类安全设备进行配置，并通过安全指挥调度及反馈分析，实现安全设备动态管控、安全威胁及时处置。为维护网络安全一致性，所有安全配置和策略均需统一管控。根据安全设备统一管理的执行策略，威胁精准感知模块通过安全威胁分析得到安全数据采集范围、采集内容、采集参数等，从而生成采集指令并执行。威胁信息汇集过程同样由安全设备统一管理模块进行管理，根据其给出的威胁信息汇集策略，以及对各级信息汇集状态的分析，生成信息汇集指令，并逐级下发。

安全威胁联动处置模块主要包含安全设备及拓扑画像、设备统一配置、威胁处置，以及处置效果研判等功能。其中，安全设备及拓扑画像是实现安全设备统一管理的基础，在设备入网时，需对设备的存活性、连接关系等进行描述，对设备的基本信息、安全能力、物理及逻辑位置信息等进行提取、登记或查询，以支撑安全设备统一管理。根据态势预警等相关信息，安全威胁联动处置首先确定联动处置区域，同时，通过对威胁处置策略的安全收益、部署成本等进行评估，确定最优的威胁处置策略，并将其分解为威胁处置指令，下发到相应安全设备执行。此外，在威胁处置完成后，处置效果研判功能对威胁处置效果进行验证、评估，为威胁处置策略的进一步优化提供信息。

8.3.5 安全服务动态赋能

安全服务动态赋能功能组成如图 8-5 所示。天地一体化信息网络中，不同网络实体的安全防护能力差异明显、通信服务安全需求多样、通信业务场景复杂。因此，需要通过安全服务动态赋能来实现安全服务能力的动态组织、安全资源的动态调度以及安全服务粒度的动态适配。

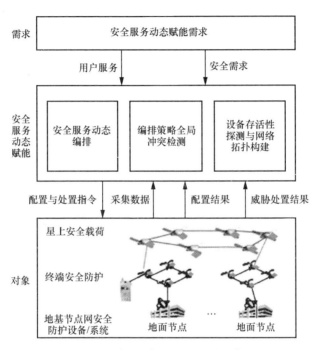

图 8-5　安全服务动态赋能功能组成

（1）安全服务能力描述

实现安全服务动态编排的前提是对各类安全对象的安全属性、安全服务能力等进行细粒度、多层次的抽象描述。只有全面、深入地理解安全对象，才能够根据设备、业务等层面的具体安全需求，实现最优化的网络安全服务编排和安全资源调度。

一般来说，根据抽象程度和表现粒度的不同，可以从抽象层、方法层、模式层和具象层等层面，对各种类型的对象进行描述。具体到天地一体化信息网络，抽象层从宏观上描述网络中的相关概念及其关系，如对网络节点的抽象描述、对网络中"边"概念的抽象描述等。在抽象层描述的基础上，方法层对抽象层中的概念进行进一步细化和分解，如方法层中节点的描述包括节点的能力、需求、配置、策略等，而边则用于对节点间的关系进行抽象，如具备、构成、执行等。在方法层的指导下，模式层对各种类型的对象进行进一步的细化描述，如具体描述某一特定类型的节点或边时所需的属性及方式，包括属性名称、属性类型以及属性间的依赖关系等。具象层受模式层的约束，即根据模式层中定义的对各属性的约束，将属性内容进一步实例化，从而得到某一具体对象的描述。具象层对网络安全服务能力具象描述的示例如图 8-6 所示。

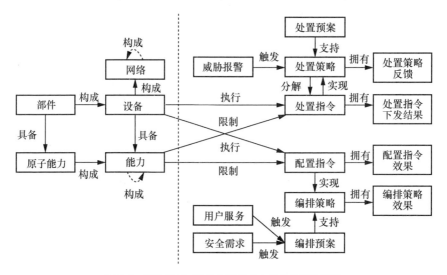

图 8-6　具象层对网络安全服务能力具象描述的示例

通过对网络安全服务能力的描述可见，每个安全部件都具有某些原子能力，若干安全部件共同构成一个安全设备，若干安全设备连接则可以构成安全网络，若干安全网络的连接仍然构成安全网络。此外，若干原子能力的组合能够构成复合能力，而每个设备可以具备若干种能力。

（2）安全服务动态编排

安全服务动态编排的任务是根据具体的安全需求，结合网络拓扑结构、安全资源分布、设备能力水平等要素，制订合理的安全服务策略，并动态编排相应的安全服务功能。此外，当网络环境或安全需求发生变化时，安全服务动态编排支持对安全防护设备、系统安全功能和性能、安全服务层次等要素进行重构，以提升安全防护成效，同时降低安全防护成本。

整体来看，安全服务动态编排包含 3 个层次：编排需求层、编排策略生成层和编排策略执行层。安全服务动态编排功能组成如图 8-7 所示。

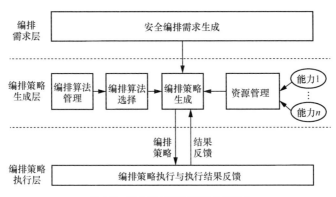

图 8-7　安全服务动态编排功能组成

　　在安全服务动态编排中，编排需求层获取来自通信业务的安全编排需求，包括系统安全需求、网络安全需求和数据安全需求等。编排策略生成层基于设备能力，选取适配于当前需求的编排算法，实现对安全防护功能、能力、资源的优化配置。编排策略执行层负责按照生成的安全服务策略、安全服务配置，将网络中各种安全服务单元在逻辑上组合在一起，并完成底层安全资源的统一接入、管理和调度，以满足用户的安全需求。

　　（3）编排策略全局冲突检测

　　随着通信业务对网络安全服务的功能、能力等要求不断提升，各类安全设备和安全系统协同工作的需求日益迫切。安全服务动态编排根据不同的安全需求，对网络中的各种安全服务功能实体，进行统一的全局安全服务编排和调度。然而，不同安全服务编排主体的编排意图、编排策略和编排方式存在明显的差异，可能导致编排策略在符号和语义上的冲突。除此之外，新生成的编排策略与历史编排策略集合之间也可能产生规则冲突。

　　人工检测这些符号、语义、规则等冲突低效且错误率高，特别是在天地一体化信息网络这种复杂的网络系统中。因此，安全服务动态编排需要编排策略的一致性描述、冗余策略快速消解，以及编排策略成效评估等能力的支撑，实现编排策略全局冲突的快速精准检测。编排策略全局冲突检测功能组成如图 8-8 所示。

　　（4）设备存活性探测与网络拓扑构建

　　设备存活性探测与网络拓扑构建是安全服务动态赋能的前提和基础，设备存活性探测的效率、网络拓扑构建策略的优劣，是决定安全服务能否正确赋能的关键。天地一体化信息网络中，大量网络设备动态移动、网络通信时延大、无线链路随遇接入且间歇连通，导致传统网络中的设备存活性探测与网络拓扑构建技术直接应用于天地一体化信息网络时，探测时间过长、设备发现及属性提取的准确性和可信性难以保证。

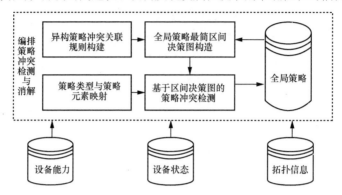

图 8-8　编排策略全局冲突检测功能组成

　　针对天地一体化信息网络的特点，可以采用融合设备存活性探测、网络拓扑动态构建，以及网络拓扑动态管理于一体的综合方法，设备存活性探测与网络拓扑构建功能组成如图 8-9 所示。针对天地一体化信息网络中，探测时间长、设备发现准确性低等问题，设备存活性探测可以综合运用设备心跳、分层探测、被动探测，以及基于网络环境的随机探测、协作探测等策略，以优化探测过程。网络拓扑动态构建需要基于主动及协同方式构建设备间的连接关系，并分布式选举主探测节点，以满足不同网络环境下的实际需求，保证系统的高效、稳定运行。此外，网络拓扑动态管理还需要能够校验拓扑数据的完整性，并提供路径查询服务。

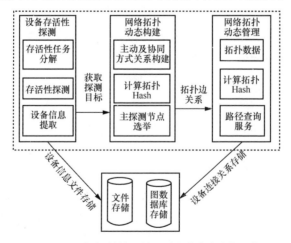

图 8-9　设备存活性探测与网络拓扑构建功能组成

8.3.6　物理安全防护技术

从网络安全系统全局的角度来看，物理层面的安全是整个网络系统安全的基础和保障。但是，物理层面的安全防护技术与网络安全服务中其他层面明显不同，其最显著的特征是物理层面安全与具体的物理网元直接相关。物理网元的技术特性及其在网络系统中的具体功能直接决定了其所适用的安全防护手段。虽然物理层面安全是网络安全服务的核心组成部分之一，但考虑其具有相对独立的技术特点，因此，在本节单独进行探讨。

天地一体化信息网络具有覆盖范围大、上下跨度广、天基资源受限，以及功率约束大等特点，对物理安全防护技术的需求与地面网络相比有所不同。物理层面安全的主要策略是降低窃听者的信干噪比，常见的技术有安全编码、波束成形、人工噪声和中继协作干扰等，近几年又提出了跨层协作的物理层加密方案，利用主信道物理层资源产生密钥以实现保密传输。

（1）安全编码

在 Shannon 建立了信息论的基本概念和体系之后，就有许多学者研究安全编码问题。同时，研究人员也证明了随机信道编码的存在，得出随着数据块长度趋于无穷，随机信道编码既能够保证可靠性又能够保证一致性的结论。

研究人员从信息论的角度出发，深入研究了编码极限和针对窃听信道的编码方法，并认为利用低密度奇偶校验码（low density parity check code，LDPC）实现系统保密是可行的。

近几年，极化码（也称 polar 码）也被用作安全编码来提高系统的保密性。例如，利用 polar 码，研究人员构造了一种能够在窃听信道模型中实现保密传输的编码方案，这种方案适用于所有主信道和窃听信道都是二进制对称信道，并且主信道优于窃听信道的情况。

除了基于 LDPC 和 polar 码的安全编码方案，还有一些基于其他编码的保密方案被提出，如卷积码和 turbo 码在高斯窃听信道中使用随机编码的方案等。需要注意的是，这些安全编码方案大多基于有限的数据块长度，并且需要保证零差错传输。此外，这些编码方案都比较复杂，在实际通信系统中应用还存在困难，特别是对于资源受限的天地一体化信息网络。因此，适用于天地一体化信息网络的轻量级编码方案亟待开发。

（2）波束成形和人工噪声

波束成形和人工噪声都属于信号处理技术，是当前物理层面安全研究中非常有潜力的技术，在提高系统的保密速率、降低系统的中断概率和能耗等方面都具有很大的优势。特别是，即使在不考虑安全性的传统多天线系统中，波束成形不仅能够获得与空时编码相同的分集增益，还能够获得更高的编码增益。

在物理层安全通信中，波束成形是一种非常重要的技术，利用空间自由度使信号传输具有指向性，增强合法用户的接收信号质量，获得保密容量，实现安全通信。其核心思想是通过对各个发射天线的信号相位进行调节，使合法接收者方向的信号强度变大，非法接收者的信号强度变小。但是，波束成形的前提是假设系统准确地已知窃听者的瞬时信道状态信息（channel state information，CSI）。然而，在实际的系统中，系统很难"已知"窃听者的瞬时 CSI，甚至可能完全未知窃听者的瞬时 CSI。不准确的瞬时 CSI 会导致波束成形向量的设计产生误差，从而使系统的保密性能下降。

与波束成形不同，人工噪声可以在未知窃听者的瞬时 CSI，并且在不影响合法接收者信道质量的前提下，对窃听者进行干扰。基于零空间的人工噪声原理是在发送有用信息的同时，分出一部分功率发送人工噪声。利用自由空间设计人工噪声，使人工噪声存在于发送端与合法接收者之间主信道的零空间内，保证合法接收者的接收不受影响，而非法窃听端则受人工噪声的影响，信号质量变差，接收信噪比急剧下降，从而提高整个系统的保密速率。

对于波束成形或人工噪声方案，都需要完美已知系统的全部信道状态信息，或者主信道的信道状态信息。但是，在实际的系统中，信道估计存在误差，导致难以满足该条件，因此会影响系统的保密性能。此外，人工噪声方案大多需要发射端天线数量大于窃听者天线数量，因此，卫星通信还可能受可用天线数量的约束。另外一个需要注意的问题是，在天地一体化信息网络中，由于星地之间的距离过大，合法接收者与窃听者之间的距离与星地距离相比往往可以忽略，主信道和窃听信道之间的差异性很小，这种情况下，当前的人工噪声方案将会失效。因此，需要设计更加适合天地一体化信息网络的波束成形和人工噪声解决方案。

（3）中继协作干扰

在天基网络中，由于较大的障碍物或阴影遮蔽效应等原因，卫星与地面终端之间的直射路径不可用，这将限制卫星与地面目的地之间直射路径的信息传输。当卫星仰角较低或地面用户为室内用户时，障碍物引起的遮蔽效应更为严重。

为了克服这一难题，研究人员提出了混合卫星地面中继网络（hybrid satellite-terrestrial relay network，HSTRN）架构，HSTRN 通过充分利用地面中继站带来的空间分集，使卫星网络可以与地面网络更紧密地集成。在这种架构中，卫星发射信号可以在地面中继站的协助下可靠地转发给地面用户，地面中继可以采用单天线或多天线，甚至可以采用多个中继合作通信。

在 HSTRN 架构中，中继在协助完成卫星信号传输的同时，还可以被用来增强信息传输的安全性。中继协作干扰通信模型如图 8-10 所示，在该模型中，中继节点通常可以通过两种方法来增强信息传输的安全性：转发加密信息，或发送干扰信号迷惑窃听者。

基于中继协作干扰通信模型，HSTRN 进一步扩展了多用户多中继的情况，以更好地提高系统的保密性能，如多中继和多用户之间的联合机会中继选择和用户调度方案，为了提高 HSTRN 系统的安全性，考虑了串通和非串通两种窃听情况。此外，在卫星通信合作中继情况下，可以将系统中的中继节点分为协作转发组和协作干扰组，实现提高主信道质量、降低窃听信道质量的目的，同时降低系统的保密中断概率，保证系统的保密性能。

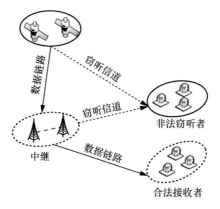

图 8-10　中继协作干扰通信模型

中继协作干扰可以与波束成形、人工噪声等结合运用，在中继节点进行信号重传的同时发送干扰信号，其原理简单且容易实现。由于中继协作干扰可能导致额外的开销，因此，又有学者提出了不可信中继的概念，在尽量减少功率消耗的情况下增强系统的保密性。

（4）物理层密钥加密

当前的物理层安全传输策略主要有两大类：一类是上述的安全编码、波束成形、人工噪声、中继协作干扰等技术；另一类是物理层密钥加密技术，主要包括基于无线信道特征的密钥提取、物理层符号加密等方法。

相比于传统的密钥加密方法，物理层密钥加密技术由于利用的是信道特征等信息，因此具有唯一性。根据 Jakes 信道均匀散射模型，当合法接收者与窃听者之间的间隔超过大约半个波长的距离时，主信道与窃听信道的特性便是不相关的，物理层密钥加密技术正是利用了这种独特的信道衰落特性，使窃听者很难破解密钥实现窃听。

物理层密钥加密技术主要利用无线信道的时变性，当前的研究主要针对接收信号强度（receive signal strength，RSS）、CSI、正交频分复用（orthogonal frequency division multiplexing，OFDM）中的信道频率响应、载波频率偏移等特征进行提取，从而生成密钥。此外，在时域方面，物理层密钥加密技术可以利用信道衰落、干扰、色散等变化提取密钥，并且时域信道互易性较强，不易失配。

相比于传统的密钥加密技术，物理层密钥加密技术增强了密钥的随机性，减少了密钥分配、共享、存储和管理等开销。然而，由于密钥长度和有效性受信道变化的限制，物理层密钥加密技术并不能实现完美保密。此外，不准确的信道估计和信道互易失配也将导致生成的密钥不适合通信双方，而信道散射性差、没有太多随机性变化，更会导致物理层密钥加密技术失去意义，这些问题还有待解决。

（5）其他物理安全防护技术

除上述的物理安全防护技术，还有一些相关研究值得关注：一是跨层安全技术，即将物理层安全与经典密码学结合，从网络安全框架、安全编码方案、安全网络协议、混合加密算法等方面综合考虑，构建体系上完整的安全解决方案；二是将安全性、可靠性和网络吞吐量等联合优化，当前的研究方案大多将三者单独进行考虑，未来可以将三者统一考虑，从而根据不同的场景和性能需求进行平衡，以带来更好的用户体验；三是将安全编码、波束成形、人工噪声和中继协作干扰等安全传输策略进行联合考虑，实施统一的资源调度，从而在资源消耗尽可能少的情况下实现更强的保密性能。此外，更广义的物理安全防护技术还包括物理层认证、隐蔽通信、攻击检测等，所有这些技术的融合贯通，能够为物理层面安全提供更坚实的保障。

尽管关于物理层面安全的理论研究已经很多，但许多物理安全防护技术离真正满足安全服务需求还有很长的路要走。特别是天地一体化信息网络适用性所带来的障碍，如底层空中接口的可扩展性、网络资源的限制，以及认知无线电、物联网、高速移动网络等各自的技术特性等，都给物理安全防护技术带来了巨大的挑战。

| 8.4　网络安全服务关键技术 |

8.4.1　威胁驱动的数据精准采集技术

网络安全服务实施的前提条件之一是安全威胁数据的精准采集，传统安全威胁数据采集技术存在如下问题。

（1）数据内容方面，缺少对采集数据有效性的评估、验证等机制，难以保证网络威胁的精准分析，并且采集内容缺乏动态适应性。

（2）采集频率方面，大多采用等时间隔、周期性的采集方式，没有考虑重复采集数据的相似度等因素，可能导致网络资源浪费。

（3）资源消耗方面，未充分考虑不同设备的资源差异，难以适用于大型异构网络，特别是卫星网络等计算、存储及带宽资源受限且不均衡等场景。

因此，天地一体化信息网络需要实现由威胁驱动的动态、精准的安全威胁数据采集技术，威胁驱动的数据精准采集技术实现原理如图 8-11 所示。整体上，由协同采集策略生成和数据采集两部分组成。

在协同采集策略生成阶段，首先，分析采集任务目标，解析采集任务参数，提取威胁特征；其次，根据提取的威胁特征，分析安全威胁线索，进而计算其风险指数；之后，根据安全威胁线索和相关的风险指数，确定合理的数据采集范围，包括进程级、底层驱动级、操作系统层、网络层，以及应用层等的威胁数据；最后，依据数据采集成本、数据有效性等相关因素进行综合评估，确定数据精准采集的感知项、感知频率等采集参数，进而生成采集策略。

在数据采集方面，通过将采集器或采集代理有机融合到被采集对象内部，并依据数据精准采集策略，对各个层次的数据进行采集。并且，在数据采集过程中，发现新的安全威胁线索时，能够自主地动态调整数据采集范围。

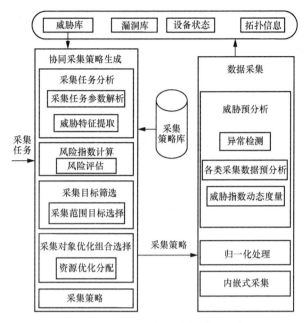

图 8-11　威胁驱动的数据精准采集技术实现原理

8.4.2　数据按需汇集技术

　　天地一体化信息网络在运行过程中会产生海量与安全相关的数据，这些数据广泛分布于网络各组成部分的软、硬件系统中。为了全面、合理、有效地使用这些数据，需要将分布于各个设备的数据汇集到物理或逻辑上集中的安全数据中心。在数据汇集过程中，需要考虑数据的安全性需求差异、数据的实时性需求差异，以及数据汇集成本等因素。

　　传统的数据汇集方式一般采用固定的传输路径，按照既定的汇集策略，完成数据汇集。这种静态、无差异的汇集方式难以满足天地一体化信息网络的数据汇集需求，不但可能导致汇集数据冗余或欠缺，还难以保证时间敏感性数据汇集的实时性，以及数据汇集的成本效率。

　　因此，天地一体化信息网络中，数据汇集需要依据安全性、实时性，以及资源（包括能量资源）消耗等各种因素，综合选择数据汇集的时机、路径，以及数据选择策略等，在满足安全需求约束的条件下，降低系统资源消耗。具体来说，需要依据汇集需求、数据源特征、数据特征、网络拓扑结构、网络传输特性，以及数据汇集目的节点等因素，合理选择汇集节点的部署位置；根据汇集需求、数据特征、中继传输节点传输能力等因素，确定目标数据的传输路径与时机；根据汇集需求、数据特征、传输路径、传输时机、预期资源消耗等，利用多目标优化等方法，判断是否对待汇集数据进行冗余消除、压缩、加密、签名、完整性校验等操作。

8.4.3　安全态势融合分析技术

为了保证网络安全服务高效地动态赋能，需要从网络全局感知安全威胁，获取天地一体化信息网络宏观的安全态势，以及安全趋势的变化。只有宏观了解安全威胁，才能精准地发现安全威胁的本质根源，从而在源头上阻断威胁。

天地一体化信息网络中，包含大量的异构网络设备，采用的技术体制类型众多，产生了大量与传统网络攻击不尽相同的威胁方式和途径，导致现有的安全知识表示方法不足以支撑天地一体化信息网络安全威胁的分析、研判和预警。因此，需要更具针对性的安全态势感知、分析技术，安全态势融合分析技术实现思路如图 8-12 所示。该技术全面地考虑了天地一体化信息网络安全防护资源受限、防护能力差异明显、脆弱点分布广、威胁类型多样、安全事件时间/空间关联复杂等特点，通过基于知识图谱的信息融合，实现全局性的安全态势感知。

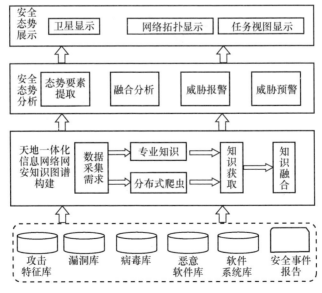

图 8-12　安全态势融合分析技术实现思路

8.4.4　威胁处置与反馈研判技术

天地一体化信息网络是典型的多域、异构互联网络系统，仅凭分散的局部单点防护难以抵御无处不在、种类繁多的安全威胁。为了有效地处置安全威胁，避免其失控扩散，不仅需要快速生成全局性的威胁处置策略及时应对，还需要科学研判策略执行效果，实现威胁处置的自主进化，持续提升安全服务的执行效率。威胁处置与反馈研判技术实现思路如图 8-13 所示。

合理的威胁处置策略需要综合考虑安全威胁特征、策略的安全保障效果、策略内各指令之间的时序关系，以及被攻击对象的特点、网络拓扑结构、服务依赖关系等众多因素。对于威胁扩散、攻击关联等复杂问题，需要根据攻击特征、网络拓扑、服务依赖关系、攻击路径溯源等，动态确定攻击区域、被攻击区域和联动区域，为制定最优的威胁处置策略提供基础支持。

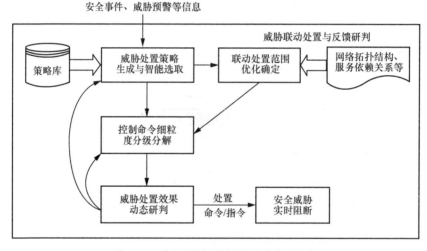

图 8-13　威胁处置与反馈研判技术实现思路

为了实现细粒度的威胁处置，可以利用安全保障目标分解映射关系、目标优先级、目标达成度、目标实现成本等，分解、细化安全保障目标，生成面向不同威胁处置区域的安全服务子目标。在此基础上，基于成本敏感模型等方法，对威胁处置策略进行威胁处置执行动作分解，得到处置指令并确定处置对象，实现安全威胁的实时阻断。

威胁处置策略执行后，还需要对威胁处置策略的执行效果进行分析判断。首先，根据网络拓扑结构、被攻击对象、攻击路径，以及处置指令实施对象等，确定威胁处置结果的目标验证对象集合。之后，根据安全服务达成目标、处置指令属性及类型等，合理确定处置结果的验证方式并进行验证。若目标验证对象集合中至少存在一个对象的验证结果为有效，则基于被攻击对象特征、攻击方式、攻击影响以及处置指令类型等，确定处置效果评估的评估指标（如时间复杂度、空间复杂度、有效性等）、目标评估对象，以及评估算法，并对各目标评估对象进行效果评估。

威胁处置效果动态研判的目的是对威胁处置策略的执行效果进行科学的量化分析，这是判断威胁处置策略执行效果和处置能力的重要依据，也是进一步优化和调整处置指令参数的重要指标，更是实现威胁处置手段自主迭代更新及优化的前提保证。

❘ 参考文献 ❘

[1]　李凤华, 张林杰, 陆月明, 等. 天地一体化网络安全保障技术研究[J]. 天地一体化信息网络, 2020, 1(1): 27-35.

[2]　李凤华, 殷丽华, 吴巍, 等. 天地一体化信息网络安全保障技术研究进展及发展趋势[J]. 通信学报, 2016, 37(11): 156-168.

[3]　李凤华, 郭云川, 耿魁, 等. 天地一体化信息网络安全动态赋能研究[J]. 无线电通信技术, 2020, 46(5): 75-84.

[4]　闫富朝, 刘怡良, 韩帅, 等. 空天地通信网络中物理层安全技术综述[J]. 电信科学, 2020, 36(9): 1-13.

[5]　王明书, 王佩. 天地一体化信息网络密钥协商与加密认证设计[J]. 指挥信息系统与技术, 2017, 8(4): 93-98.

[6]　陈鲸. 天地一体化空间信息安全面临的挑战和思考[J]. 高科技与产业化, 2020, 26(12): 24-27.

[7]　王佳林. 天地一体化网络安全功能重构的关键技术研究与实现[D]. 北京: 北京邮电大学, 2019.

[8]　胡志言. 天地一体化网络统一接入认证关键技术研究[D]. 郑州: 战略支援部队信息工程大学, 2018.

[9]　亓玉璐, 江荣, 荣星, 等. 基于网络安全知识图谱的天地一体化信息网络攻击研判框架[J]. 天地一体化信息网络, 2021, 2(3): 57-65.

[10] 黄敏敏. 空天地一体化网络中的低空节点认证方案研究[D]. 厦门: 厦门大学, 2018.

[11] 曹进, 陈李兰, 马如慧, 等. 面向多类型终端的天地一体化信息网络接入与切换认证机制研究[J]. 天地一体化信息网络, 2021, 2(3): 2-14.

[12] 马方舒, 王岩, 张国威, 等. 天地一体化信息网络中物理层安全方案[J]. 天地一体化信息网络, 2020, 1(2): 73-80.

[13] 章小宁, 朱立东. 通信与安全一体化的天地异构融合网络体系架构[J]. 天地一体化信息网络, 2020, 1(2): 11-16.

[14] LUO H B, XU Y K, XIE W J, et al. A framework for integrating content characteristics into the future Internet architecture[J]. IEEE Network, 2017, 31(3): 22-28.

第 9 章

融合通信服务

融合通信服务是以多业务融合为核心，以 IP 承载为基础，以服务化设计为支撑，通过屏蔽异构网络、异构终端、异构链路、多样化业务格式的差异，实现话音、数据、视频等各类通信业务和通信方式的统一和简化，具有在"任何时间、任何地点，可以使用任何终端，进行自由沟通"的能力，通过统一的用户体验，提升天地一体化信息网络的用户沟通与协作效率。

| 9.1 概述 |

融合通信是一种新型通信模式,通过将计算机技术与传统通信技术融合为一体,实现计算机网络与传统通信网络在同一个平台上使用话音、数据、即时消息、状态呈现、音/视频会议、电子邮件、通信录等众多应用,能够满足人们无论何时、何地,都可以通过任何设备、任何网络,获得音频、视频和数据的通信。也就是说,人们可以通过固定电话、计算机设备、移动设备等多样化的终端,利用有线无线电信网、有线无线互联网等多种传输媒介,自由地传递话音、传真、即时消息、电子邮件、多媒体会议和数据文件等。

融合通信打破了当前通信方式(如短信、话音和多媒体视频等)中以设备和网络为中心的限制,在多设备、移动、分布式的网络环境中提供了一种灵活高效的通信方式,具有"在任何时间、任何地点,可以使用任何设备和任何网络,进行自由沟通"的能力,能够实现各类通信方式和通信手段的统一和简化,并通过统一的用户体验,加快用户的沟通和协作。

天地一体化信息网络具有网络异构互联、传输手段异质、终端种类多样、业务格式繁杂等特点,给用户的实时通信、信息共享带来了困难,需要通过融合通信提升随时随地的信息沟通能力。但是,天地一体化信息网络的网络协议、通信场景、传输链路、业务格式、终端类型与传统电信网络存在很大差异,导致民用融合通信系统不能直接应用到天地一体化信息网络中，需要针对其特点开展适应性设计。

（1）网络异构互联：天地一体化信息网络中，天基骨干网、天基接入网、地面节点网、互联网、移动通信网等异构互联，互通困难。

（2）传输手段异质：天地一体化信息网络包含有线、无线、微波、卫星等多种传输手段，技术体制复杂。

（3）终端种类多样：天地一体化信息网络中，存在模拟电话、数字电话、SIP电话、卫星电话、多媒体终端、计算机终端、移动终端，形态多样，操作各异。

（4）业务格式繁杂：天地一体化信息网络中，通信业务类型和终端类型一一对应，不同的业务终端具备不同的业务类型，格式繁杂。

因此，天地一体化信息网络融合通信服务需要针对上述特点开展适应性设计，通过屏蔽异构网络、异构终端、异构链路、多样化业务格式的差异，实现多手段、多用户、多业务之间融合互通，实现天地一体化信息网络通信业务的融合。

9.2　融合通信技术现状

目前，包括 Avaya、Polycom、思科、华为在内的各大互联网厂商都提出了融合通信解决方案。

9.2.1　Avaya 融合通信

Avaya 融合通信协作解决方案如图 9-1 所示，其全面整合了通信功能与电子邮件、企业通信录、企业办公自动化（OA）系统、企业资源规化（ERP）系统等。Avaya 融合通信协作解决方案实现了全网的统一管理、统一配置、统一监控，提供话音、数据、视频多业务融合的应用体验。

Avaya 融合通信协作解决方案采用分层设计的思想，包括终端接入、媒体承载、通信控制、融合通信（UC）应用以及企业应用 5 个层面。终端接入层主要完成各类终端的接入，包括移动终端、多媒体终端、IP 话机/视频终端和模拟终端，各类终端可以通过网关接入的方式接入 Avaya 融合通信系统中。媒体承载层通过移动网络、数据承载网实现终端与服务器之间的媒体传输。通信控制层是 Avaya 融合通信系统的业务控制核心，完成各种即时通信和协作应用的通信业务控制。UC 应用层实现各类即时通信应用,包括即时消息、在线状态、多媒体会议、视频会议以及移动办公等,向上层企业应用提供业务统一管理接口。企业应用层包括电子邮件、企业通信录、企业 OA 系统、ERP 系统以及移动办公平台。

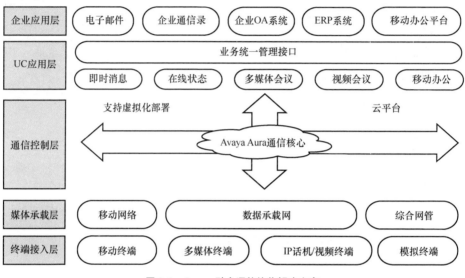

图 9-1　Avaya 融合通信协作解决方案

9.2.2　Polycom 即时通信系统

Polycom 即时通信系统采用 Polycom 云架构,以软件为核心,与原有业务系统深度对接,搭建统一融合管控平台,架构如图 9-2 所示。通过 Polycom 云协作控制服务器,实现与 Lync 系统、InterCall 音频系统的无缝对接;通过 Polycom 云资源管理服务器与原有服务器深度融合,实现了用户原有账号的一键同步;通过会议管理软件系统与 Outlook 邮件系统深度对接,在不改变用户使用习惯的情况下,实现了用户会议自主预约、会议信息邮件自动发送,大大提高了视频会议的使用效率。

Polycom 即时通信系统强调以会议为核心的应用模式,通过与 Lync 系统、InterCall 音频系统以及办公系统的融合,支持各种方式的会议应用,包括高管 VIP会议、高清视频会议、移动办公、浏览器一键入会、Lync 音频会议、融合会议、云媒体协作平台以及领导桌面等,为用户提供全方位、极致的音/视频协作体验。

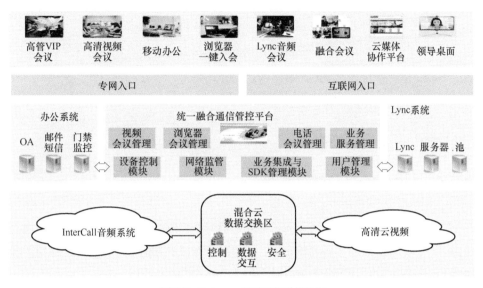

图 9-2 Polycom 即时通信系统架构

9.2.3 思科新一代协作方案

思科新一代协作方案架构如图 9-3 所示,通过云连接实现了打破企业界限的协作,使思科即时通信产品完成了由 B2B 向 B2C,甚至云化系统的转变。该架构采用虚拟化协作平台,大大简化了即时通信、视频会议等服务的部署和管理成本,提供丰富的用户体验。

图 9-3 思科新一代协作方案架构

思科新一代协作方案架构由协作终端、协作中枢、应用/资源和协作运维组成。协作终端包括 IP 电话、移动/软终端，以及会议室专用的网真视频会议系统等，为用户提供便捷、高效的体验；协作中枢实现协作通信的业务控制功能，包括即时通信、视频会议、协作边缘以及客户协作等功能；应用/资源包括协作通信的主要应用对象，如客户中心、会议、移动办公、话音信箱、会议服务器、资源调度等；协作运维实现统一运维，包括统一管理、统一配置以及统一监控。

9.2.4 华为融合通信解决方案

华为融合通信解决方案可以有效地整合话音、视频、企业通信录、即时消息、状态呈现、内容共享等多种通信方式，打造融合互通的通信平台，将各类通信手段转变为沟通的基础资源。华为融合通信解决方案如图 9-4 所示。

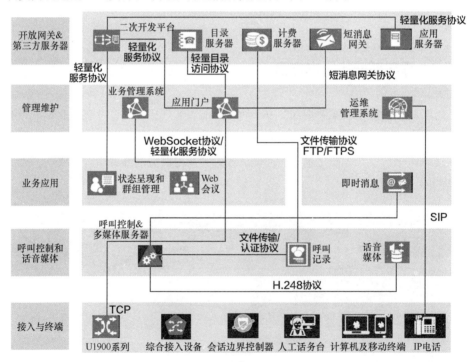

图 9-4 华为融合通信解决方案

华为融合通信解决方案通过虚拟化、云化的方式实现了资源的按需部署、高度集成。虚拟化促进政企 ICT 变革，降低运维成本；按需部署、平滑扩展，降低运营成本；高度集成一体化，集呼叫控制、话音媒体、即时消息、运维管理于一体。通过融合话音、视频、即时消息、状态呈现、群组管理、Web 会议、录音、企业通信录等多媒体能力，满足政企 IP 电话、移动办公、远程协同等全方位的应用。

9.3 融合通信服务架构

天地一体化信息网络融合通信服务基于云化的服务基础设施，采用微服务架构的设计理念，通过承载、控制和业务充分解耦，实现网络和业务功能扁平化、服务化，架构如图 9-5 所示，由业务开放服务、业务能力服务和业务适配服务等组成。

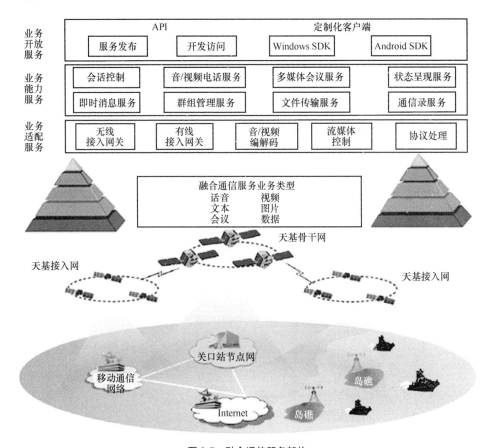

图 9-5　融合通信服务架构

其中，业务开放服务为航天支援、航空信息、反恐维稳、抢险救灾等天地一体化信息网络各类应用系统提供开发访问接口，支持多种服务发布方式，包括 Windows SDK、Android SDK，通过开放的应用程序接口（API）实现客户端定制以及与第三方应用的集成。

业务能力服务包括会话控制、音/视频电话服务、多媒体会议服务、状态呈现服务、即时消息服务、群组管理服务、文件传输服务、通信录服务等多种融合通信业务模块，是融合通信服务的核心。针对天地一体化信息网络的高时延特点，会话控制协议需要进行适应性设计，优化资源调度机制，提升音/视频业务通话质量。

业务适配服务通过无线接入网关和有线接入网关实现对天地一体化信息网络中不同系统的多种格式音/视频、有线无线、第三方系统的网络资源的接入，以及音/视频编解码、流媒体控制等功能，是天地一体化信息网络融合通信服务对音/视频、数据、网络等资源进行融合的基础。其中，无线接入网关、有线接入网关屏蔽天基骨干网、天基接入网和地面网络等各类异构网络、异构链路的差异，实现网络的融合互通；音/视频编解码、流媒体控制、协议处理等模块，解决天地一体化信息网络终端类型多样、业务格式繁杂带来的业务层面互通难题，实现信息互通共享。

9.4　融合通信服务功能组成

第 9.3 节介绍了融合通信服务架构，本节进一步对其中的业务能力服务作详细介绍。业务能力服务是融合通信服务的核心，基本上可以认为融合通信服务的功能是由业务能力服务中的核心模块组成，主要包括会话控制、音/视频电话服务、多媒体会议服务、状态呈现服务、即时消息服务、群组管理服务、文件传输服务、通信录服务以及融合通信服务客户端，融合通信服务功能组成如图 9-6 所示。

会话控制基于 SIP 协议，为音/视频等多媒体业务提供共用的会话交互管理和控制能力，包括呼叫的建立、保持、拆除功能，确保由一个会话触发的多个业务能够前后连贯地执行。

多媒体会议服务实现会议创建、会议内容管理、音频会议、视频会议、会议白板等功能，支持预配置和临时会议两种会议模式。

状态呈现服务实时显示用户在线状态（在线、离线以及终端类型等）。

即时消息服务实现在用户之间传递图像、音频、视频、文件等信息内容的服务，具有消息推送、消息群发、消息记录、离线消息等功能。

群组管理服务支持用户联系人列表的管理功能，可对联系人列表进行分组、增加、修改、删除等操作；支持创建和删除群组、添加和删除群组成员、退出群组以及查看和修改群组信息等功能。

文件传输服务实现在线用户/离线用户之间点对点、点对多点的文件传输功能。

通信录服务支持获取本用户联系人列表,支持对本用户联系人列表的管理功能,可对联系人列表进行分组、增加、修改、删除等操作。

融合通信服务客户端运行于计算机或移动终端上，向用户提供音/视频电话服务、多媒体会议服务、状态呈现服务、即时消息服务、群组管理服务、文件传输服务、通信录服务等融合通信服务。

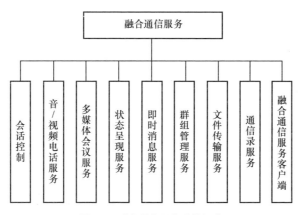

图 9-6　融合通信服务功能组成

下面重点对融合通信服务中的多媒体会议服务、状态呈现服务、即时消息服务、群组管理服务等进行阐述。

9.4.1　多媒体会议服务

多媒体会议服务是融合通信服务中的一项重要业务，它使召开会议不受参与者地理位置的限制，并且可以传送文件、图像、音频、视频等多种类型的信息，为用户提供重要的通信手段。多媒体会议服务，支持创建会议、结束会议、邀请成员、删除成员、修改视频布局等操作。

在多媒体会议服务中，各个参与者之间的连接关系包含信令和媒体两个方面，因此，会议的拓扑结构也分为控制拓扑和媒体拓扑两种。

控制拓扑是指各参与者之间信令控制关系的结构，可分为集中式和分布式两种结构。集中式控制拓扑如图 9-7（a）所示，即存在一个集中控制实体，每个参与者都与该实体建立一个点到点信令连接，该实体负责协调各方的信令流程，从而完成对整个会议的控制。分布式控制拓扑如图 9-7（b）所示，此时各参与者两两之间直接进行信令交互，不需要集中控制实体。在复杂多变的天地一体化信息网络中，采用分布式控制拓扑结构是一种比较好的选择，这种拓扑结构使多媒体会议不会因为单个节点的消失而失败。

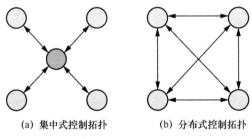

(a) 集中式控制拓扑　　　　(b) 分布式控制拓扑

图 9-7　多媒体会议服务控制拓扑结构

媒体拓扑是指各个参与者之间媒体流传送关系的结构，分为集中式、分布式和多播式 3 种结构。集中式媒体拓扑如图 9-8（a）所示，即存在一个集中处理实体，每个参与者都只和该实体进行媒体流的发送和接收，该实体负责多路媒体流的解码、混合、再编码和转发。分布式媒体拓扑如图 9-8（b）所示，各参与者两两之间直接进行媒体传送。多播式媒体拓扑如图 9-8（c）所示，媒体流并不是直接发送到其他各方，而是送到一个公共的多播地址，由多播功能负责把媒体流传送到其他各方。分布式和多播式媒体拓扑都要求参与者的终端具有媒体混合能力。

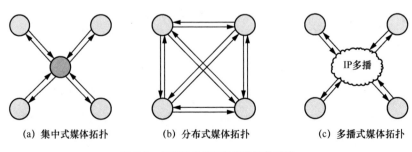

(a) 集中式媒体拓扑　　　(b) 分布式媒体拓扑　　　(c) 多播式媒体拓扑

图 9-8　多媒体会议服务媒体拓扑结构

多媒体会议服务组成如图 9-9 所示，主要包括会议管理入口、会场信息发布、
会议中心、音/视频代理、管理单元和策略控制等模块。

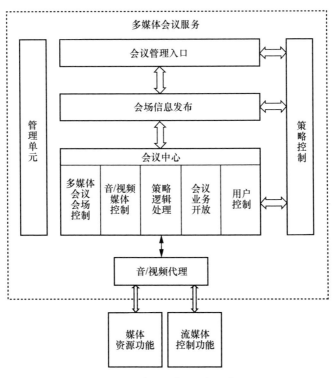

图 9-9　多媒体会议服务组成

（1）会议管理入口

会议管理入口模块完成用户业务订购管理（如查询或撤销预约会议），访问配
置会议策略，查看历史会议记录和当前会议状态等。

（2）会场信息发布

会场信息发布模块将会议的状态、会议成员的加入/退出等通知订阅者。

（3）会议中心

会议中心负责维护多媒体会议中每个参与者之间的信令关系，也执行会议策略、
获得通知会议的状态事件；同时，通过内部消息控制音/视频代理，完成音/视频媒体
控制；完成用户基本信息认证，检查用户是否已经注册，是否具备使用该业务的权限。
会议中心还会向参与者发送心跳检测，以确定参与者是否在会议中。

（4）音/视频代理

音/视频代理负责与媒体资源功能和流媒体控制功能进行多媒体会议媒体面的协商、音/视频媒体流的控制。

（5）管理单元

管理单元负责多媒体会议服务的配置、运行状态、日志等管理操作以及用户的开户、销户、用户信息修改等操作，提供话单查询功能。

（6）策略控制

策略控制模块配置加载会议策略，由会议中心负责执行这些策略。对于影响会场信息状态的变化，需要通过会场信息发布模块告知订阅者。

9.4.2 状态呈现服务

在天地一体化信息网络中，状态呈现服务是提高网络资源利用率、实现高效通信的重要手段，可以为网络用户提供通信意愿、通信手段、位置、状态、所在场所以及其他描述信息，还可以提供一些设备信息。

状态呈现服务的业务模型如图 9-10 所示，包括呈现实体（发布呈现信息的实体）、呈现信息源（呈现实体通过它发布呈现信息）、观察者（获取呈现信息的实体）、呈现服务器（用来提供呈现业务，其主要作用是更新/保存由用户终端、网络、外部代理、应用服务器等上传的呈现信息，并把这些信息合并和组织到一个文件中，以提供给允许使用这些信息的观察者）。

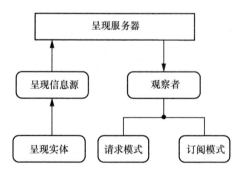

图 9-10 状态呈现服务的业务模型

呈现实体是呈现信息的发布者，分为呈现用户代理、呈现网络代理和呈现外部代理 3 类，负责收集相关的信息并发送给呈现服务器。

呈现服务器是状态呈现服务实现的核心实体，是处理呈现信息以及观察者信息的功能实体。它可以从呈现用户代理、呈现网络代理和呈现外部代理获取呈现信息，并根据预定的规则允许其他观察者主动查询或订阅呈现信息。

观察者是呈现信息的订阅者和接收者，可以是呈现用户代理或呈现网络代理，其实体分别对应于用户终端和网络终端。观察者可以通过请求模式或订阅模式获取呈现信息。请求模式是观察者主动向服务器查询呈现信息；订阅模式是观察者预定状态呈现服务，请求服务器在一定的规则下（如呈现信息发生变化时）主动向观察者发送相关呈现信息。

状态呈现服务组成如图 9-11 所示，由状态呈现服务器和资源列表服务器组成。状态呈现服务器负责接收并处理用户的订阅请求，收集状态呈现信息，综合归纳分发给订阅者，并整合用户的状态呈现列表（即订阅者的所有状态实体列表）和订阅授权策略。资源列表服务器用于存放状态呈现服务器收集到的用户的状态呈现信息、状态列表、订阅授权策略等，这些信息均以 XML 文档的形式存放在资源列表服务器上，资源列表服务器负责将信息进行整合、管理和维护，以便于状态呈现服务器的调用。网管系统/业务管理系统为外部网管系统提供状态呈现服务器的维护、配置和管理接口。

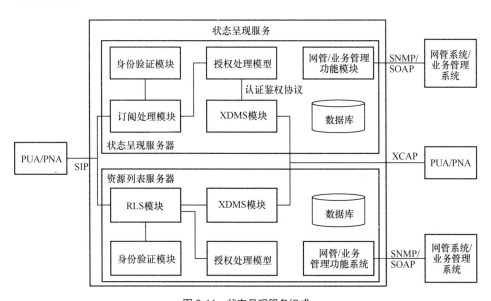

图 9-11　状态呈现服务组成

9.4.3 即时消息服务

即时消息服务为用户提供一对一、一对多、多对多的实时聊天功能，消息的内容可以是文本、图像、音频或视频。同时，即时消息服务也是融合通信服务中的一种基本服务，具备兼容性和多样化，能够与状态呈现服务和群组管理服务等结合使用。

即时消息服务提供 3 种模式的即时通信：寻呼模式、大消息模式和会话模式。

在寻呼模式下，用户间交互的消息是相互独立的，即时消息服务不需要维持会话状态。

大消息模式适用于发送较大的消息，比如文件等。在该模式下的消息传输需要使用消息会话中继协议（message session relay protocol，MSRP）在主叫和被叫之间建立会话，消息内容使用 MSRP 传送，在消息传输结束后中断会话。

会话模式下即时消息服务需要维持会话状态和 MSRP 会话状态，类似于 Web 会议，每个用户随时可以加入或离开，参与者可以是一对一的，也可以是一对多的群组形式。

即时消息服务组成如图 9-12 所示，其中管理单元负责对即时消息服务进行管理，例如设置隐私策略、过滤策略等；呈现代理负责与状态呈现服务交互，通过状态呈现服务获得消息接收者的状态；群组代理负责与群组管理服务交互，通过群组管理服务获得群组信息；互通处理单元负责与其他消息系统互通，如与短信/彩信互通网关系统、其他即时消息服务平台互通，实现即时消息服务与短信/彩信之间的互通；多媒体资源控制器负责多媒体资源、会场资源等的管理；会话/事务控制器负责消息会话的创建、撤销等管理，负责消息业务逻辑的总体控制；策略处理单元实现用户隐私策略、过滤策略以及存储策略等的处理；会话历史功能处理用户存储会话的请求，完成历史会话的保存，实现历史会话的管理；离线消息功能实现用户离线消息的存储以及发送；接入模块提供各接入方式的协议解析，支持用户以多种接入实体、多种业务接入方式接入即时消息服务；网管/业务管理功能中，网管功能提供给网管系统 SNMP 接口，实现网管系统对即时消息的维护、配置与管理，业务管理功能通过简单对象访问协议（SOAP）与业务管理系统相连，实现用户注册、预定、受理、变更及用户服务等功能。

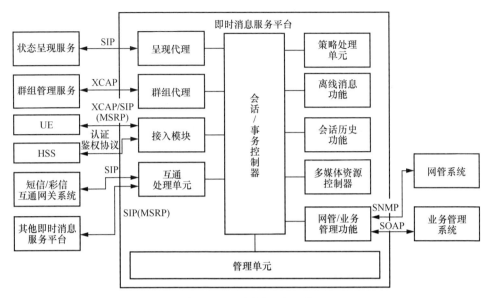

图 9-12　即时消息服务组成

9.4.4　群组管理服务

群组管理服务是融合通信服务需要具备的基本能力，可为其他应用或服务提供群组数据管理和用户数据管理等功能，主要对以下 3 部分信息进行管理和维护。

（1）用户个人信息管理：每个用户的个人信息（如用户 URI、姓名、身份等）对应一个 XML 文档，保存在群组管理服务中，用户可对其进行增加、修改和删除等操作。

（2）联系人列表管理：维护每个用户的联系人列表（如地址簿、分组和白名单等），并对其进行查询、创建、修改和删除等操作。

（3）群组管理：对群组信息（如群组名称、特定业务信息、可见性、许可权限和群组中的人数等）进行管理，支持创建、查看、修改和删除等操作。

群组管理服务使得用户可以在网络中存储与服务相关的数据，这些数据可被用户按需建立、删除和修改。与商用融合通信中的群组管理技术不同，天地一体化信息网络的群组管理服务用户具有不同的使用优先级，并不是每一个用户都可以创建、修改、删除群组，用户也不可以随意加入任意群组，只有特定级别的用户可以创建、修改特定级别的群组，特定级别的用户也只能加入特定的群组。

群组管理服务组成如图 9-13 所示，主要由聚合代理、搜索代理和文档管理 3 个模块组成。其中文档管理模块是核心，又可分为分发、个人信息、联系人列表、群组管理、群组使用列表管理和 XML 文档操作等模块。

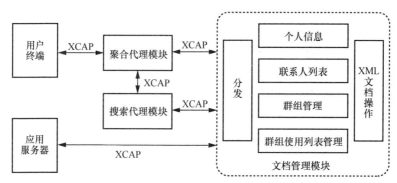

XCAP：XML configuration access protocol，XML 配置访问协议

图 9-13　群组管理服务组成

分发模块的功能是检查用户策略，以及路由不同的 XCAP 请求到相应的功能模块；个人信息模块为用户的个人信息和群组信息提供网络管理能力；联系人列表模块主要用于保存和维护用户联系人列表信息；群组管理模块用于对所有用户的公有群组进行管理，以及邀请用户加入公共群组；群组使用列表管理模块用于保存和维护用户群组使用列表信息；XML 文档操作模块封装了 XML 文档相关的操作。

聚合代理模块实现用户以及其他应用服务器的 XCAP 请求的统一接入代理；搜索代理模块是用户终端搜索群组管理服务内的各种数据（XML 格式保存）的统一接入点，同时还可以进行搜索结果合并等操作。

|9.5　融合通信服务关键技术 |

融合通信服务在天地一体化信息网络中具有很多应用场景，但是，天地一体化信息网络的技术体制异构、终端种类多样、网络时延大等问题对该环境下融合通信服务带来了困难。因此，需要重点考虑媒体类业务的适应性设计，通过突破终端带宽自适应编码、媒体编码转换以及可伸缩编码等关键技术，为天地一体化信息网络用户提供更好的多媒体业务。

（1）终端带宽自适应编码技术

在天地一体化信息网络中，当通信终端使用多媒体业务时，融合通信服务可以根据其终端能力发送恰当的媒体内容，终端需要采用带宽自适应编码技术，使用速率控制算法控制媒体的压缩码率，可以通过反馈机制或者直接从融合通信服务获取当前的网络带宽，然后根据带宽压缩视频，避免速率过快导致网络拥塞。

终端带宽自适应编码技术的关键是码率控制技术，码率控制技术是直接调节编码器输出比特率的重要方法，它通过采取合适的码率控制策略，控制调整编码参数，从而调整编码器的输出比特率，使其尽可能达到目标比特率。

一般情况下，通过调节编码的量化参数（quantization parameter，QP）使码率尽可能地与目标码率一致，同时获得较高的视频质量。在天地一体化信息网络中，对视频的码率控制提出了更高的要求，整个自适应编码的码率控制过程可分为 3 个阶段：图片组（group of picture，GoP）层码率控制、帧层码率控制和基本单元层码率控制。

GoP 层码率控制根据网络的实际带宽、虚拟缓冲区的饱和度以及该 GoP 包含的帧的数目计算这个 GoP 所需要的比特数。同时依据先前已编码的 GoP 信息计算该 GoP 的初始量化参数。当待编码的 GoP 为所要编码的视频序列中的第一个待编码的 GoP 时，QP 可以根据编码图像的尺寸、帧率以及初始带宽计算得到；如果待编码的 GoP 不是第一个待编码的 GoP 时，则 QP 的计算与 GoP 的长度、可获得的网络带宽以及前一个 GoP 中 P 帧的平均量化参数有关。

帧层码率控制主要完成编码帧的比特数预分配并根据二次 R-D 方程计算帧的 QP。在计算 QP 时，对 B 帧以及 P 帧要采用不同的方法进行处理。对于 P 帧，QP 的计算根据所分配的比特数，通过求解二次 R-D 方程得到；而 B 帧的 QP 则是由该 B 帧前后的连续两个 P 帧的 QP，通过递推得到的。

在高级视频编码（advanced video coding，AVC）标准 H.264/AVC 中，基本单元的大小低于一帧待编码图像的大小，这时候需要基本单元层码率控制算法。其中，对于 B 帧图像而言，不需要采用基本单元层码率控制，其一帧中所有宏块都采用相同的 QP 进行编码。而对于 P 帧，基本单元层码率控制的处理流程基本与帧层码率控制的处理流程相同，只不过是对基本单元进行比特数分配并根据二阶 R-D 方程进行基本单元的 QP 计算。

（2）媒体编码转换技术

媒体编码转换技术将高码率的视频流转换成较低码率的视频流，以适应低网络带宽或低处理能力的接收设备。主要包括码率转换、空间分辨率转换、时间分辨率转换和编码格式转换。

码率转换是指为使视频内容适合在天地一体化信息网络上播放，通过有效地降低视频码率，使编码器输出的码率符合网络传输要求。一般有开环和闭环两种码率转换方法：开环码率转换方法不需要图像重建，虽然很大程度上降低了计算的复杂度，但是图像质量较差；闭环码率转换方法需要对解码图像进行重建，重新计算了各宏块的残差，计算复杂度较高，但是获得的图像质量比较好。

空间分辨率转换是指将高质量的视频通过降低空间分辨率在移动终端上进行播放，通过在"全解全编"架构中添加采样模块实现。

时间分辨率转换是指通过降低视频序列的帧率，降低对解码设备处理能力的要求，以适应带宽小、终端处理能力弱、设备分辨率低的情况。

编码格式转换是指将原始视频内容所采用的编码格式转换成终端能够解码播放的编码格式。

媒体编码转换最直接的方法是把视频压缩流解开，然后增大量化参数，直接编码成低码率的视频流。这种转换常用于电视广播/多播和 Internet 流媒体传输等。最理想的情况下，降低码率后的码流质量要和直接以该目标码率对原始视频信号进行编码的质量一致。

（3）可伸缩编码技术

可伸缩编码技术将视频流直接编码成具有不同码率的多种码流，针对不同的终端或者不同的网络分发不同的编码码流，从而适应多种不同的终端或者不同带宽的网络的需求。对于复杂的天地一体化信息网络，资源变化剧烈，用户终端分辨率以及所支持的视频格式种类多，因此在融合通信服务中研究可伸缩编码技术更具目的性、针对性。

可伸缩编码技术可以在不同的时域、空域和质量域的层次上对视频序列进行压缩，能够为用户提供多种不同分辨率的压缩码流。可伸缩编码参考编码框图如图 9-14 所示，给出了 H.264/AVC 的空间可伸缩编码的实现方式——分层编码。

图 9-14 包含了两层不同空间分辨率的视频内容的编码过程，称作第 0 层（基本层）和第 1 层（增强层），两层的视频内容可以通过空间下采样技术实现。第 0 层的编码采用 H.264/AVC 兼容的编码过程，充分利用 H.264/AVC 各种优秀的编码技术，包括运动补偿、帧内预测、熵编码等，从而实现单层编码上尽可能高的性能。

从第 0 层到第 1 层有层间残差、纹理、运动估计等信息的传输，这样第 1 层（高层）可以充分利用第 0 层（低层）的信息，减少层间冗余，提高多层编码效率。每一个空间分辨率层又可以包含多个质量可伸缩编码过程，该过程可通过类似空间可伸缩编码实现。

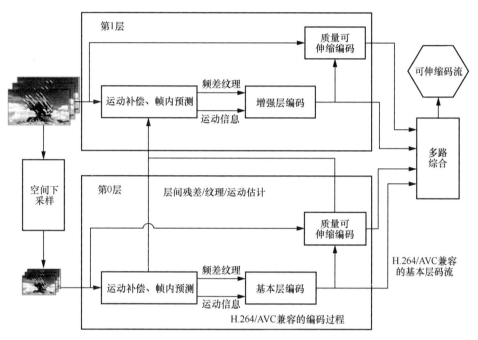

图 9-14　可伸缩编码参考编码框图

| 参考文献 |

[1]　苏超. 基于 SaaS 模式的统一通信服务平台的设计与实现[D]. 西安: 西安电子科技大学, 2010.

[2]　戚晨. 统一通信简述[J].中兴通讯技术, 2008(5).

[3]　闵士权, 刘光明, 陈兵, 等. 天地一体化信息网络[M]. 北京: 电子工业出版社, 2020.

[4]　黄山松. 统一通信平台设计与业务实现[D]. 上海: 复旦大学, 2008.

[5]　李农. 新产品路线图如期发布 Avaya 整合北电紧锣密鼓[J]. 华南金融电脑, 2010, 18(3): 38-39.

[6]　陈立水, 王俊芳, 赵进平, 等. 统一通信技术研究及展望[J]. 无线电通信技术, 2014, 40(2): 1-3,11.

[7]　任由. IP 通信走向融合化和智能化[J]. 数据通信, 2006(S1): 31.

[8]　张俊,苏海鹏. 统一通信简介[J]. 中国交通信息化，2013(7): 104-105.

[9]　ROSENBERG J. A watcher information event template-package for the session initiation protocol (SIP)[R]. 2004.

[10]　ROSENBERG J. An extensible markup language (XML) based format for watcher information[R]. 2004.

[11]　SCHULZRINNE H, TSCHOFENIG H, MORRIS J, et al. Common policy: a document format for expressing privacy preferences[R]. 2007.

[12]　Open Mobile Alliance (OMA). Presence SIMPLE architecture[S]. 2006.

[13]　BRENNER M, UNMEHOPA M. The open mobile alliance – delivering service enablers for next-generation applications[M]. Chichester: John Wiley & Sons Ltd, 2008.

[14]　Open Mobile Alliance (OMA). Instant messaging using SIMPLE[S]. 2011.

[15]　Open Mobile Alliance (OMA). IM XDM specification[S]. 2006.

[16]　IETF RFC 2810. Internet relay chat: architecture[S]. 2000.

[17]　3GPP TS 24.147. Conferencing using the IP multimedia (IM) core network (CN) subsystem (stage 3)[S]. 2007.

第 10 章

内容分发服务

伴随 Web 及流媒体业务的爆炸式增长，网络负荷激增，网络拥塞等现象日益严峻，内容分发技术成为广受学术界和产业界关注的热点。天地一体化信息网络中，随着卫星的通信、计算和存储能力快速提升，天基网络已经具备了承载内容分发服务的能力。因此，需要进一步融合天基网络与地面网络各自的技术优势，解决内容分发服务在天地一体化信息网络中面临的挑战，更好地发挥内容分发服务的潜力。

| 10.1 概述 |

随着信息技术的快速发展，各类创新型应用不断涌现，以文件传输、视频会议等为代表的通信业务极大地提高了工作效率，网络视频直播、网上购物等新兴业务使社会生活更加丰富、便捷。与此同时，伴随 Web 及流媒体业务的爆炸式增长，网络负荷激增、网络流量拥塞等现象也日益严峻。因此，内容分发网络（content delivery network，CDN）成为广受学术界和产业界关注的热点技术，CDN 的核心思想是将"内容"部署得离用户更"近"，进而降低用户获取内容的时延，同时提高网络的利用效率。天地一体化信息网络中，随着卫星的通信、计算和存储能力的快速提升，天基网络已经具备了承载内容分发服务的能力。因此，需要进一步融合天基网络与地面网络各自的技术优势，更好地发挥内容分发服务的潜力，减轻网络传输负载压力。

10.1.1 机遇与挑战

通过将"内容"从远离用户的中心服务器，提前部署至距离用户更近的 CDN 边缘缓存服务器（以下简称 CDN 服务器），内容分发网络能够为用户提供高速、低时延的内容分发服务，传统网络与内容分发网络结构的对比如图 10-1 所示。

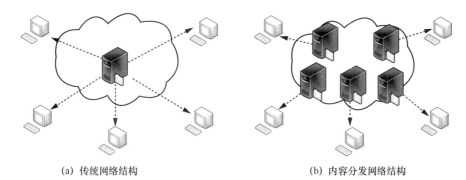

(a) 传统网络结构　　　　　　　　　(b) 内容分发网络结构

图 10-1　传统网络与内容分发网络结构的对比

从内容分发的技术特点来看，CDN 是基于部署在各地的 CDN 服务器、在现有的网络系统上构建的智能虚拟网络系统。CDN 能够为用户选择最佳的内容访问路径，并将源站内容分发到最接近用户的 CDN 服务器，从而缓解本地接入网络及主干链路负荷过高所导致的网络拥塞，实现更快、更稳定、更便捷的内容分发。受此启发，天地一体化信息网络将 CDN 从单纯的地面网络延伸至天基网络，以解决内容分发服务受限于地面网络覆盖范围的困境。此外，得益于卫星的广域覆盖和宽带广播能力，天地一体化信息网络能够以较小的频谱消耗，为更大规模的用户提供内容分发服务。

从内容分发的业务特点来看，除了海量数据传输，内容分发还具有内容传输重复率高、内容新鲜度变化相对缓慢等特点。具体来说，尽管内容的种类繁多，但是内容的请求分布通常符合齐普夫定律，即大量用户请求相同的（热点）内容，并且，在一段连续的时间内，内容的热度基本保持不变，即内容的新鲜度变化相对缓慢。例如，据统计，电影的新鲜度变化周期大概是一周，而新闻的新鲜度变化周期大概是 2h。因此，在天地一体化信息网络中，智能的内容分发及资源调度策略、高效的内容缓存机制，对解决天基网络节点有限的带宽资源与海量的内容传输需求之间的矛盾具有重要的作用。通过高效的内容缓存机制，将内容（预先）缓存在关键的网络节点，合理地调度网络中的存储资源置换有限的通信资源，是提高天地一体化信息网络内容分发效率的有效途径。

天地一体化信息网络中，内容分发服务的核心工作包含了天基网络内容注入和天基网络内容分发这两个重要的组成部分。经过天基网络内容注入后，内容从地面的中心服务器部署到天基网络节点，进而通过天基网络，为内容用户提供大空间跨度的就近内容分发。

10.1.2　关键技术问题

由于天基网络的拓扑结构动态变化，天基网络节点内容调度的时延会因频繁启动路由发现而急剧增加，如果无法及时建立路由，天基网络节点中缓存的内容也将无法成功调度。因此，天基网络的动态接入及切换技术、移动性管理技术等，是天地一体化信息网络内容分发服务的重要保障。此外，天地一体化信息网络中，高效率的内容分发还依赖于以下关键技术。

（1）负载均衡

在所有网络系统中，负载均衡都是一种提升网络服务能力的有效方法，其一般包含两个步骤。首先，根据服务节点的数量及能力将任务分割。然后，根据分割结果将任务分配到不同的服务节点，通过服务节点的并发协同完成任务。在 CDN 中，典型的负载均衡实现方式是基于域名服务器（domain name server，DNS）的 IP 地址分配机制。即在 DNS 中将多个 CDN 服务器的 IP 地址与同一个域名匹配，当用户利用域名向服务器发送内容请求时，DNS 将该域名映射为某一个 CDN 服务器的 IP 地址并返回给用户，此后，用户仅向被分配的 CDN 服务器请求内容。这种方法通过 DNS 分散用户的请求，实现了一定程度的负载均衡。然而，DNS 自身不能感知各 CDN 服务器之间的性能差异，也无法获取其工作状态的反馈信息。如果某个 CDN 服务器超载或死机，那么 DNS 就需要通过某种机制，保证用户不向该 CDN 服务器请求内容。可见，CDN 负载均衡的实现仅有 DNS 的支持是不够的，还需要中心服务器和 CDN 服务器等深度参与。

（2）内容分发方式选择

在 CDN 中，内容分发是指将内容从中心服务器通过网络复制到 CDN 服务器的过程。常见的分发方式有 PUSH 和 PULL 等，需根据具体情况合理选择。

PUSH 是一种主动的分发技术，由中心服务器的内容管理系统主动发起，基于超文本传输、文件传输等协议，将内容从中心服务器分发到各 CDN 服务器。中心服务器通过 PUSH 操作将热点内容提前部署到 CDN 服务器并缓存，以应对短时间内用户对热点内容的大量请求，从而减小网络负载，提高内容响应效率。可以看出，PUSH 的针对性较强，何时分发什么内容是 PUSH 技术的核心问题。随着信息处理技术的快速发展，基于 PUSH 的分发策略从早期的人工选择，逐渐演变为基于用户历史行为数据统计的预测、人工智能算法预测等智能化选择方案。

与 PUSH 相反，PULL 是一种由用户请求驱动的被动分发技术。当用户请求的内容没有被 CDN 服务器存储时，CDN 服务器将向中心服务器请求内容，并缓存在本地。可以看出，本质上 PULL 是一种按需请求的分发技术。

总之，PUSH 适用于短时间内被大量请求的"热点"内容，而 PULL 适用于请求时间分散的"冷门"内容。此外，混合分发就是 PUSH 分发机制和 PULL 分发机制相结合的分发机制。这种分发机制利用 PUSH 机制进行内容预推，根据内容的热度把内容推送到 CDN 服务器上，而后续的内容分发过程则使用 PULL 机制实现。

（3）内容存储技术

CDN 中的内容存储技术可以分为中心服务器存储和 CDN 服务器存储两种。中心服务器作为内容的集中地，需保有足够大的容量存储内容、足够大的数据吞吐量传输内容，因此通常采用海量存储结构。CDN 服务器则需要兼容各种内容格式，支持流媒体的部分缓存，保证内容传输的稳定性及吞吐量。考虑用户不一定会完整地看完一个流媒体内容，CDN 常采用部分缓存技术以在满足用户内容需求的同时，提高 CDN 服务器存储空间的利用效率。

（4）内容管理

CDN 中的内容管理技术涉及内容的发布、分发、迁移等多个环节。从内容分发服务的层次结构上看，内容管理技术覆盖中心服务器和 CDN 服务器两方面，其中作用在 CDN 服务器的本地内容管理是重点。CDN 服务器包含多个缓存设备，需要通过基于内容感知的调度，将用户的请求定向到命中的缓存设备上，从而提高用户请求命中率以及负载均衡的效率。

10.2　内容分发服务研究现状

随着信息技术及其应用的快速发展，内容分发服务成为一个既有机遇又有挑战的热点问题。为优化内容分发服务架构，改善调度与存储策略，使用户获得更优质的服务体验，内容分发服务与边缘计算、雾计算等新兴技术深度融合成为其进一步发展的必然趋势。

10.2.1 内容分发服务与边缘计算技术

从技术特点上看，内容分发服务是广义边缘计算的典型应用，内容的缓存与分发是典型的输入/输出密集型业务。而边缘云是以虚拟化方式部署应用的业务平台，其主要承载的计算密集型应用所耗费的资源类型与内容分发服务之间存在明显的差异，因此，二者可以实现服务器底层硬件资源的协同共享，但是，实现这种资源协同的前提是实现 CDN 的虚拟化。

虚拟化 CDN（ virtual CDN，vCDN ）是指可以部署在虚拟化平台之上的 CDN 系统。欧洲电信标准协会将 CDN 虚拟化列为网络功能虚拟化的主要应用案例，即 CDN 从专有硬件到通用服务器的软硬件解耦，并向虚拟化演进。目前国内电信运营商网络电视视频 CDN 已实现了软硬件解耦，从基于专用硬件部署过渡到基于通用服务器部署。随着 5G 商用以及 4K/8K 高清视频、虚拟现实（ virtual reality，VR ）和增强现实（ augment reality，AR ）等大流量低时延业务的引入，运营商迫切希望将视频 CDN 边缘节点下沉至移动边缘计算平台，与人脸识别和边缘转码等计算型应用共享边缘计算平台底层硬件。因此，运营商视频 CDN 需要从基于物理硬件设施的部署模式，切换到边缘计算平台虚拟化部署模式，实现 CDN 三层解耦，即应用、云平台和硬件设备三者不存在厂商或技术绑定关系。

业界成熟的虚拟化技术包括虚拟机与容器两大类，虚拟机基于硬件资源的虚拟化技术对应用进行隔离，其位于操作系统之下，而容器技术提供了操作系统级的进程隔离。为了适配各类边缘云平台，vCDN 边缘节点应支持虚拟机和容器两种部署模式，vCDN 的虚拟机与容器两种部署模式如图 10-2 所示。

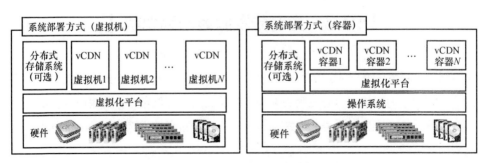

图 10-2　vCDN 的虚拟机与容器两种部署模式

（1）基于虚拟机的 CDN 虚拟化适配与部署

此模式中，vCDN 边缘节点应支持虚拟机部署及虚拟机集群部署。在虚拟机采用相同的操作系统，并支持磁盘直通的情况下，CDN 缓存软件可以运行在虚拟机上，与物理机上的运行方式相同，因此软件无须特别设计开发，其性能主要取决于虚拟机对计算能力、磁盘和网络的优化策略。

（2）基于容器的 CDN 虚拟化适配与部署

在容器部署模式下，以部署在物理机的 CDN 缓存软件为基础，制作可容器化部署的镜像。在容器平台支持虚拟化网卡的情况下，多个容器内的缓存服务器可以通过负载均衡模块进行管理和调度，优化 CDN 的性能。

10.2.2　内容分发服务与云计算、雾计算技术

随着互联网流量的不断增加，CDN 边缘节点承载的流量持续增长，继续提供稳定、高质量的内容分发服务变得更加困难。在过去 10 年中，CDN 体系架构经历了快速的发展，以解决 CDN 边缘节点的可扩展性问题。最近，在 CDN 中利用云计算技术得到了普遍的关注，这种云化 CDN 架构可以为应用提供高性能的内容分发服务，而无须过多地关注其底层的基础设施环境。此外，还有研究人员进一步提出了分层云化 CDN 架构，以满足高带宽应用的性能需求。

但是，有些研究人员认为云化 CDN 架构难以获得更充分的性能优势，因此提出了雾化 CDN 架构，其核心工作模式是首先从远端云 CDN 层将热点内容缓存到边缘雾节点，然后再由用户终端与这些雾节点建立连接获取数据。在内容分发过程中，雾化 CDN 边缘节点上缓存的内容如何优化将直接影响访问命中率、响应时间等关键性能指标，因此，灵活高效的内容调度算法是雾化 CDN 设计的关键。

对于雾化 CDN 调度系统的调度目标：一是尽可能将热点的内容缓存到雾化 CDN 中，提高内容分发效率；二是避免 CDN 边缘节点上的内容频繁替换；三是避免雾化 CDN 边缘节点过载，影响边缘设备的正常运行；四是为用户终端返回满足需求的、距离更近的雾化 CDN 边缘节点，保证内容获取效率。

CDN 服务器和雾节点作为网络基础设施，二者之间具有类似的特征，都由服务器集群组成并部署在网络边缘，区别在于 CDN 服务器是广泛部署的缓存服务器，而雾节点是智能的小型边缘云单元，提供一定的计算、存储和通信功能，对于一些

简单的任务，雾节点可以直接进行处理并返回结果。因此，在 CDN 上引入雾计算来进一步优化内容的分发具有极大的潜力。此外，雾节点的引入能够减少骨干网和内容提供商链路上的传输流量，内容提供商也可以从雾化 CDN 架构中受益。

在保持现有 CDN 基础设施部署方式的情况下，通过在云化 CDN 层和用户终端层之间部署雾节点层，雾化 CDN 架构可以抽象为一个三级的层次模型，雾化 CDN 抽象模型如图 10-3 所示。在云化 CDN 层，部署基于云计算的云化 CDN，并在云化 CDN 服务器上分发内容。在雾节点层，部署的雾节点在地理上比云化 CDN 服务器更靠近用户边缘。最下一层为请求内容的用户终端层。

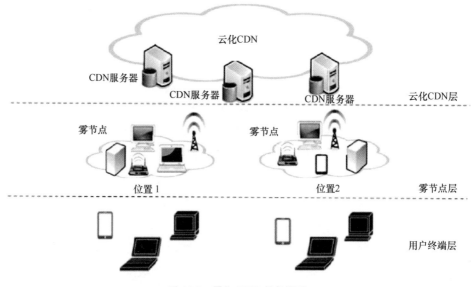

图 10-3　雾化 CDN 抽象模型

对于新增的雾节点层，每个雾节点都有一个缓存和路由表，其内容分发过程主要经由以下 3 个阶段实现。

（1）雾节点基于内容流行度策略缓存内容；

（2）雾节点采用基于内容名称的路由请求方法请求内容；

（3）雾节点采用传统的基于 IP 地址的路由方法将内容返回给用户终端。

对于基于内容名称的路由请求方法，利用雾节点之间的路由和雾节点缓存内容信息构成信息转发表（information forwarding form，IFF），为保持雾节点信息一致，IFF 在雾节点之间周期性地交换。当用户需要查找雾节点网络中的某一内容时，向最近的雾节点发送一个包含该内容名称的请求。一旦距离用户最近的雾节点收到请求，就在本地缓存中查找该内容。如果该内容在本地缓存中可用，则该雾节点将内容返回给用户。否则，雾节点将从已缓存该内容的其他雾节点中获取内容。具体地说，就是通过 IFF 确定哪个雾节点中缓存了用户所请求的内容，然后将请求转发到已缓存内容的雾节点。如果多个雾节点缓存了请求的内容，则将请求转发到最近的雾节点。上述方式能够保证用户以最合理的方式获取所需的内容，同时保证内容分发服务的开销最小。

| 10.3　天地一体化信息网络内容分发机理 |

近年来，用户对多媒体内容的需求正在飞速增长，可以预见，基于内容获取的应用将占据天地一体化信息网络的绝大部分流量。然而，传统的内容传输模式自身存在固有的缺陷。具体而言，由于采用了端到端的通信模型，不同用户在请求相同内容时，存在大量的重复传输，极大地浪费了网络链路带宽。同时，新兴应用的快速发展也对传统网络提出了新的需求，如可伸缩的内容分发服务、可预测的移动性支持等。考虑基于 TCP/IP 的网络在设计之初并不支持这些需求，需要借助额外的功能性补丁来完善，而这些补丁将不可避免地带来额外的开销，相关研究中也已经证明了"打补丁"的方式只能是临时的解决方案，无法一劳永逸。因此，天地一体化信息网络需要一种新型的、面向业务需求的内容分发服务机制解决上述问题，同时适应其网络资源受限和拓扑高度动态等固有特性。

10.3.1　应用场景

早期的内容分发技术采用了典型的客户端/服务器（client-server，C/S）架构，用户向内容服务器发送内容请求，内容服务器为用户返回内容响应。随着网络技术的发展，网络主流应用从传统的 Web 应用转变为新型的流媒体应用。相比于 Web 应用，流媒体应用对网络的带宽资源和响应时延提出了更严苛的要求。由此，学术界和产业界提出了 CDN。CDN 是建立在 IP 网络之上，旨在提升网络内容分发能力的虚拟网络系统。CDN 中，多个 CDN 服务器分布式地部署在网络中，当用户发起请求时，CDN 综合用户的地理位置、应用的网络资源需求、网络负载状况等信息，将用户的请求重定向到离用户最近的 CDN 服务器，从而实现内容的高效分发。与 C/S 架构相比，CDN 充分地发挥了网络在内容分发中的主动性，通过主动管理内容并均衡流量负载，提高了网络带宽利用效率和内容响应速度。

CDN 的网络架构如图 10-4 所示，CDN 主要由 3 个部分组成：中心服务器、CDN 服务器以及用户节点。中心服务器和 CDN 服务器构成 CDN 的层次化服务主体，用户节点构成 CDN 的请求主体。

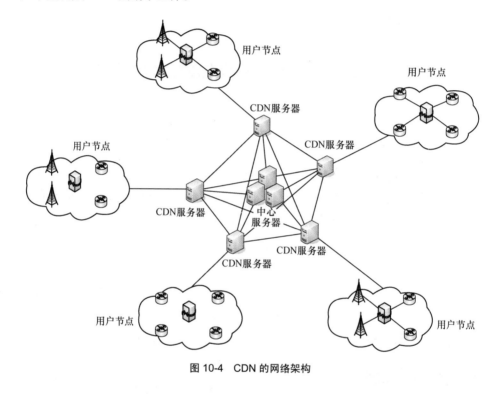

图 10-4　CDN 的网络架构

中心服务器主要负责 CDN 全局的内容和网络管理，具体来说，中心服务器的主要功能包括以下内容。

（1）汇集内容及网络管理：监控网络中的用户请求和内容供给，管理 CDN 服务器存储的内容；记录 CDN 服务器的工作状态，当 CDN 服务器的数量、分布发生变化时，维持内容分发网络的正常运作。

（2）内容分发策略和分发过程控制：负责动态部署内容的分发策略，根据网络的工作状态，更新、转移、同步 CDN 服务器缓存的内容。

（3）全局负载均衡：结合所有用户的位置、响应时间以及网络负载状态，采用动态或静态的方法为用户重定向最佳的 CDN 服务器。

CDN 服务器主要负责本地负载均衡、高速缓存及本地存储。在本地负载均衡方面，CDN 服务器根据特定策略转发用户的内容请求。在高速缓存及本地存储方面，CDN 服务器根据用户需求及自身状态向中心服务器请求、缓存、更新内容。

近年来，随着星上处理能力和星间通信能力的不断增强，天基网络已经开始具备提供内容分发服务的能力。因此，将 CDN 从地面网络延伸至天基网络，实现天地一体的内容分发服务逐渐变得可行。基于 CDN 的核心思想，结合天地一体化信息网络自身的技术特点，研究人员提出了一种基于命名数据网络（named data network，NDN）的、能够适配天基网络的卫星内容分发网络（satellite content delivery network，SCDN）模型。天地融合的内容分发服务应用场景如图 10-5 所示，在天地一体化信息网络中，天基网络能够将内容分发服务扩展到传统 CDN 难以覆盖的区域，如极地、岛屿，以及航行中的飞机、轮船等，真正实现全球覆盖的内容分发服务。此外，天基网络的引入为天地一体化信息网络中内容分发的负载均衡提供了更多的选择，从而能够进一步地提升内容分发服务的效率和服务质量。

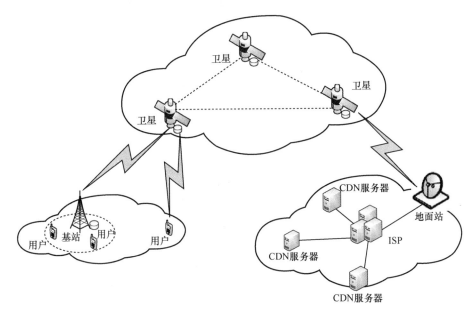

图 10-5　天地融合的内容分发服务应用场景

在此场景中，作为内容源提供者，因特网服务提供者（internet service provider，ISP）为用户提供内容服务，即作为中心服务器。作为内容请求者，用户可以根据自身网络环境通过基站或者直接连接到天基网络，从天地一体化信息网络中获取内容。为实现天地一体的内容分发，地面网络采用 CDN，ISP 将内容注入 CDN 服务器；天基网络采用 SCDN，ISP 通过地面站将内容注入天基网络中的卫星节点，使其承载 CDN 服务器功能，从而在更广阔的空间范围内为用户提供内容分发服务。考虑地面网络在计算、存储以及通信资源等方面明显优于天基网络，天地一体化信息网络内容分发服务应采用以地面网络为主、天基网络为辅的运行模式。

考虑用户通过基站连接天基网络的情况，当用户请求内容时，基站首先检查本地缓存是否命中，如果命中则直接返回内容。否则，基站经由天基网络为用户提供所需内容，即通过 SCDN "就近"满足用户的请求。在用户直接连接天基网络的情况下，则直接由天基网络中缓存内容的卫星节点为其提供所需内容，该过程与地面 CDN 运行方式类似，因此，以下仅讨论用户经由基站获取内容的情况。

10.3.2　工作机理

传统 CDN 和 SCDN 的网络结构对比如图 10-6 所示。

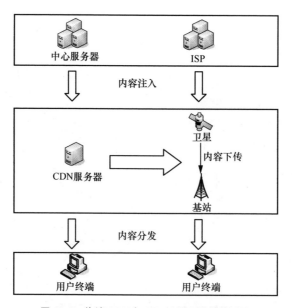

图 10-6　传统 CDN 与 SCDN 的网络结构对比

在 SCDN 中，将天基网络中的卫星节点以及位于地面的用户接入节点（即基站）组成两层 CDN 服务器，从而能够在动态的网络环境中为用户提供更高质量、覆盖范围更广的内容分发服务，经由天基网络的内容分发过程如图 10-7 所示，包括内容注入和内容分发两个过程。

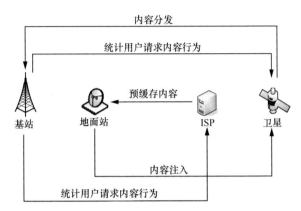

图 10-7　经由天基网络的内容分发过程

对于内容注入过程，针对天基网络持续运动的特点，可以利用 NDN 将内容与地址解耦，进而以消息订阅的方式为高度动态的天基网络提供可靠并有弹性的内容分发服务支持。在此情景中，天基网络作为内容请求的主体，将内容注入过程由被动转化为主动。即当卫星移动发生连接切换时，卫星作为内容请求主体，通过重新发送兴趣包，从网络中不间断地获取内容。在此基础上，如果充分考虑卫星移动的规律性，预先将内容缓存在地面网络特定节点的内容库中，则能够进一步提升天基网络内容注入效率。

对于内容分发过程，考虑覆盖范围内用户对内容的请求分布不均，天基网络需要采用基于公平性的策略进行内容分发。此外，基于全局内容新鲜度变化相对缓慢等特点，可以采用异步的内容分发策略进行调度。

与地面 CDN 类似，天基网络的内容分发方式也有被动的 PUSH 和主动的 PULL 两种方式。当采用 PUSH 方式时，各基站需要统计用户的内容请求行为，一般来说，热点内容的种类相对较少，数据总量占比较小，并且请求热度在一段时间内变化缓慢。因此，利用基站的用户内容请求行为统计信息，ISP 经地面站注入内容至天基网络。当采用 PULL 方式时，基站向天基网络或 ISP 转发用户的内容请求，卫星主动连接地面站，直接从 ISP 获取内容。当卫星获取内容后，则成为移动的内容服务节点，能够为不同地理位置的基站用户提供内容分发服务。

（1）内容注入

基于 NDN 预缓存的天基网络内容注入场景如图 10-8 所示，其中，地面网络包括路由节点和地面站。在地面网络中，ISP 是内容生产者，能够提供所有内容。地面站和路由节点都作为 NDN 路由节点，内容能够利用内容库缓存。作为消费者，不同轨道上的卫星根据基站统计的用户内容请求行为主动接入地面站，从地面网络获取所有需要分发的内容，完成内容注入。

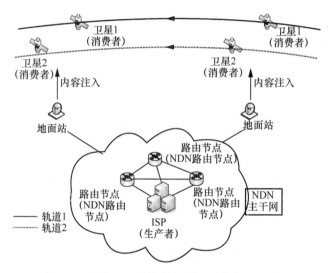

图 10-8　基于 NDN 预缓存的天基网络内容注入场景

考虑卫星移动具有规律性，可以预先将内容缓存在地面站和路由节点的内容库，以减小地面网络的链路负载，提高内容获取成功率，实现不同轨道上的任意一颗卫星均能在经过一个星下点轨迹周期后，完成内容注入。

基于 NDN 预缓存的天基网络内容注入流程如图 10-9 所示，具体过程如下：

① 作为消费者，卫星首先向地面站发送兴趣包；

② 当地面站内容库缓存命中时，地面站直接向卫星返回兴趣包；

③ 如果地面站内容库缓存未命中，则地面站将沿着到达 ISP 的最短路径转发兴趣包；

④ 兴趣包沿途访问路由节点，并尝试命中经由路由节点的内容库缓存，如果命中，则该路由节点将返回数据包，数据包沿兴趣包到达路径返回该卫星；

⑤ 如果所有路由节点的内容库缓存均未命中，则兴趣包将被转发至 ISP；

⑥ ISP 向卫星返回数据包，数据包沿兴趣包到达路径返回卫星。

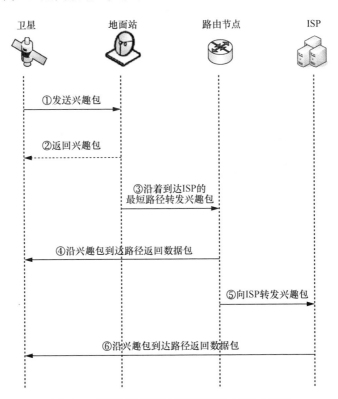

图 10-9　基于 NDN 预缓存的天基网络内容注入流程

（2）内容分发

　　基于地面网络的最优内容放置策略，天基网络中任意一颗卫星在经过一个星下点轨迹周期后，均能从地面网络获取所有需要被分发的内容。在卫星成功获取所有内容的基础上，考虑图 10-10 的天基网络内容分发场景。天基网络中任意一颗卫星的覆盖范围内包含多个基站，每个基站的覆盖范围内包含多个用户。用户向基站发送内容请求，基站向卫星请求内容。

　　由于各基站的地理分布不同，且其覆盖范围相对有限，同时用户内容请求行为具有独立性，因此，各基站的用户内容请求行为具有彼此独立的局部性特点。基站首先需要根据信道质量选择接入视线范围内的最优卫星，假设基站已经完成接入卫星选择，则在此场景下天基网络内容分发流程如图 10-11 所示。

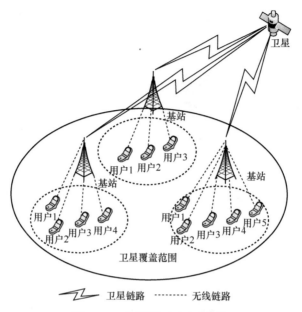

图 10-10　天基网络内容分发场景

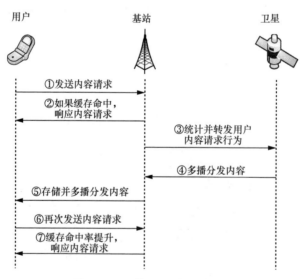

图 10-11　天基网络内容分发流程

① 用户向基站发送内容请求；

② 基站查看本地缓存是否命中，如果本地缓存命中，则基站响应内容请求；

③ 否则，基站分析用户内容请求行为，并转发给卫星；

④ 卫星将基站划分为基站组，并采用多播的方式，向基站分发内容；

⑤ 基站收到卫星下传的内容后，首先在本地保留内容副本，实现 SCDN 中的第二级缓存，然后，采用多播的方式，向用户分发内容；

⑥ 一段时间后，若用户再次向基站发送内容请求；

⑦ 由于内容的新鲜度变化缓慢且基站缓存了内容，则基站可以直接为用户提供内容服务，从而提升天基网络内容分发的效率和服务质量。

|10.4 内容分发服务功能组成 |

一般来说，天地一体化信息网络内容分发服务提供多重网络接入点和多个存有相同内容副本的 CDN 服务器（集群），以便更快地响应用户的内容请求。从内容分发服务的逻辑层次来看，可以划分为 3 个层次，即内容管理层、调度分发层和边缘服务层，内容分发服务逻辑层次如图 10-12 所示，各层的主要功能如下。

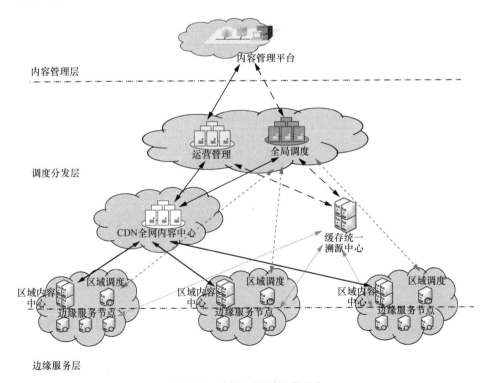

图 10-12 内容分发服务逻辑层次

（1）内容管理层：作为全局分发内容的统一展现和分析功能层次，实现全局内容视图呈现、内容资源质量评估、内容统计分析等各项功能。

（2）调度分发层：包括内容分发服务的全局调度、运营管理等核心管控功能，功能实体包括 CDN 全网内容中心、各级缓存统一溯源中心等。

① 全局调度及运营管理：为内容分发服务提供统一访问调度控制与运营管理功能，包括各级缓存的统一调度和管理、CDN 全局调度和运营管理等。

② CDN 全网内容中心：负责所有内容服务提供方的系统对接与分发内容注入，并为边缘服务节点提供内容分发与回源服务。

③ 缓存统一溯源中心：负责缓存热点内容管理，并为各分支缓存系统提供网络统一的回源服务。

（3）边缘服务层：主要负责管控各种类型的天基、地面 CDN 边缘服务节点，其管控方式一般可以分为网络全局调度及本地区域调度两种。

天地一体化信息网络内容分发服务功能组成一般由运营管理、运维支撑、内容分发统一调度，以及数据支撑等功能模块组成，如图 10-13 所示。

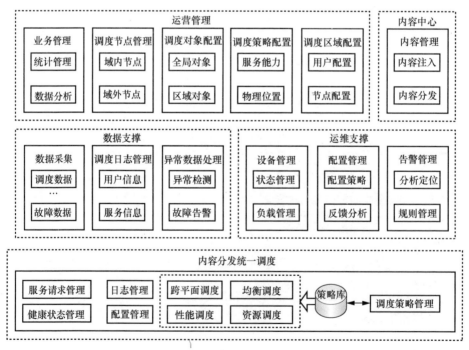

图 10-13　内容分发服务功能组成

（1）运营管理

运营管理主要负责为内容分发服务提供全局统一的系统运营信息，以支撑日常运营的决策和管理，包括调度区域配置、调度策略配置、调度对象配置、调度节点管理以及业务管理等相关模块，各模块具体功能如下。

① 调度区域配置主要是将用户、节点等进行分组，并为不同的分组设置合适的调度目标。

② 调度策略配置根据调度目标的服务能力设置不同的调度权重，也可以根据用户和调度目标的物理位置分配优先等级。

③ 调度对象配置主要负责网络系统内部的转发配置。

④ 调度节点管理负责添加和管理域内节点和第三方域外节点的基本信息，一般包括节点名称、节点容量、节点归属地等。

⑤ 业务管理提供统计管理和数据分析等功能，并可对数据明细进行功能模块间的导入、导出。

运营管理的主要目的是方便管理人员对内容分发服务进行运营资源配置，从其功能层面上划分可分为业务层面的管理和网络层面的管理两个组成部分。业务层面的管理主要负责内容分发服务为支撑其所承载的业务而实施的管控，涉及业务数据的统计和分析、用户配置及服务能力需求等。网络层面的管控主要承担全网资源的运营管控，涉及网络节点能力、全局及区域物理拓扑结构等。

（2）数据支撑

该功能模块主要提供内容分发服务数据采集、调度日志管理、异常数据处理等功能，具体功能如下。

① 收集相关的调度数据、故障数据、网络数据、服务数据等，以及后续的无效数据清洗、有效数据转换和数据标准化等。

② 维护用户信息，记录缓存服务器的使用情况等服务信息，并提供给内容提供商或业务第三方使用。

③ 在异常、故障等情况下，收集异常检测、故障告警等相关信息，结合各种算法模型，支撑智能调度系统的异常分析、预测、预警和决策等。

（3）运维支撑

运维支撑模块主要负责内容分发服务运行过程中系统全局的设备管理、配置管理、告警管理等功能，以及监视网络全局调度系统的所有进程、设备、通信链路等，具体来说应该完成以下功能。

① 分析、定位发出告警的设备名称、告警时间、告警类别、告警原因等；对系统的故障进行分类，包括设备告警、性能告警、应用告警、网络通信告警、环境告警等，以方便故障诊断及定位分析。

② 实时监控内容分发服务全局及区域的运行状态，跟踪记录并分析不同配置策略下系统的性能指标。

③ 跟踪记录系统运行过程中设备的运行状态信息，以及业务负载在物理系统中的分布和性能反馈数据等。

（4）内容分发统一调度

内容分发统一调度是内容分发服务的核心功能模块，该模块利用统一的网络全局视图将分发服务需求、策略、配置等下发到系统中的各功能模块，通过最优的调度策略实现全局及区域系统资源的管控。

内容分发服务最根本的需求是管控部署在网络边缘的 CDN 服务器。这些服务器一方面负责就近响应用户的内容请求，另一方面负责与内容源服务器之间的内容同步，及时将源服务器更新的热门内容根据业务需求缓存在本地，实现业务内容就近缓存，以快速满足用户请求，提高内容分发效率。因此，内容分发统一调度的关键是引入智能化的调度策略，实现业务需求、服务保障和用户体验的最优匹配，在满足业务性能指标的前提下，最优化天地一体化信息网络内容分发服务的成本，并不断提升用户体验。内容分发统一调度在总体上所完成的工作如下。

① 重定向终端用户的请求至最合适的 CDN 服务器，并与分发模块交互以保证内容缓存信息的实时更新。

② 管控源服务器及 CDN 服务器，调度内容镜像的分发过程，确保源服务器内容与缓存内容一致。根据内容分发调度的时机划分，有两种内容分发管控方法：静态内容分发，将所有内容分配到各 CDN 服务器，之后网络中的内容不再发生变化；动态内容分发，内容随着网络发生变化，各 CDN 服务器基于调度策略动态地更新缓存内容。

③ 根据内容分发规则管理源服务器和 CDN 服务器，其中源服务器存储内容提供商的所有内容，CDN 服务器分布在各地，存储源服务器的内容镜像。

④ 主动探测内容分发网络的健康状况，根据网络健康状态及时调整全局或区域的系统配置或调度策略，以保障服务质量。

⑤ 基于业务需求完成天地一体化信息网络的调度策略调整及适配,如基于热点内容的调度、异构网络资源均衡调度、业务服务质量保障调度等。

⑥ 其他辅助性功能,包括日志、配置、故障、性能等的管理,以及与运营管理、运维支撑、数据支撑等功能模块进行信息交互。

| 10.5　内容分发服务性能优化技术 |

10.5.1　负载均衡

负载均衡主要承担用户请求内容的调度工作, 在天地一体化信息网络全局范围内选择最合适的 CDN 服务器为用户提供内容分发服务。负载均衡一般采用两级部署, 即全局服务器负载均衡 (global server load balancing, GSLB) 和本地服务器负载均衡 (local server load balancing, LSLB)。GSLB 根据用户地址等信息为每个用户选择最合适的服务区域, 由该区域内的 CDN 服务器响应用户的内容请求, 但是具体由区域中的哪个 CDN 服务器提供服务则由 LSLB 进行调度。LSLB 根据区域内各 CDN 服务器的内容缓存情况和负载压力等信息为用户选择最合适的 CDN 服务器。经过 GSLB 和 LSLB 的两级调度, 用户的内容请求最终会被一个选定的 CDN 服务器处理。在实际的内容分发系统中, 基于 DNS 解析和应用层重定向是两种最常用的 GSLB 实现方式, 而链路负载调度等则是最常用的 LSLB 实现方式。

10.5.2　基于策略的智能调度

基于策略的智能调度的目标是实现内容分发过程中网络、存储和计算资源配置的最优化, 基于策略的智能调度如图 10-14 所示。

智能调度的管控逻辑能够以全局的视角制定并分配高效率的配置和执行策略, 统一内容分发服务行为, 使内容分发服务管理更加可靠和高效。当前策略管理中存在的最主要问题是当服务环境发生变化时, 其策略选择的实时性及有效性问题。所以, 自主化、智能化的动态策略适配是内容分发服务智能调度的核心要素, 也是智能调度必须面对的技术挑战。

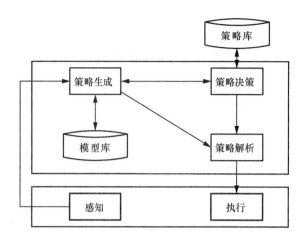

图 10-14　基于策略的智能调度

　　智能调度可以基于用户归属节点、边缘服务节点以及区域服务节点进行负载均衡调度；既可以通过用户的 IP 地址进行调度，也可以根据当前的热点内容进行调度，以适配不同的业务场景，智能调度典型的调度策略如下。

　　（1）基于 QoS 的智能调度策略

　　这是一种基于硬件能力的调度策略。QoS 是一种用来解决网络时延和阻塞等问题的典型机制，结合天地一体化信息网络内容分发调度就是基于服务端统计的服务质量数据进行调度，在调度过程中过滤掉服务质量较差的设备。

　　其具体实现方式为：首先，天基网络、地面网络边缘服务节点的设备定期向数据中心上报业务服务质量数据，例如，丢包率、首包时延、服务成功率等；再由数据中心对设备的服务质量数据进行分析，计算并查找出服务质量较差的设备。各个边缘服务节点获取分析结果后，在调度的过程中将这些设备的服务优先级降低。

　　（2）基于热点内容的智能调度策略

　　基于热点内容的智能调度策略主要是为了实现高热内容快速下沉，解决热度过于集中的问题，主要通过热点内容的及时分发和二次分发，以及冷点内容自动清理等机制实现，具体分发形式如下。

　　① 及时分发是内容分发调度系统将服务请求数量和服务流量等参数进行实时热度统计，当用户归属节点内容未命中时，根据热度统计触发及时分发，将内容及时分发到当前用户的归属服务节点上。

　　② 二次分发是内容分发服务节点定期将热点内容上报给内容分发服务调度系

统，调度系统对节点内各设备的热点内容进行汇聚，统计出节点高热内容并触发二次分发。

③ 冷点自动清理的目的是避免分发内容的频繁新增、删除，通过汇聚调度能力达到业务内容遇冷后的请求收敛能力，优先利用原始分发设备进行服务。

10.5.3　内容分发预取

缓存技术是保证用户请求加速的一项关键技术，但就内容分发服务自身而言，边缘服务节点处的内容缓存主要由用户驱动，即当用户请求内容时，如果边缘服务节点没有该内容，则向内容源服务器请求该内容，并在提供给用户的同时，将该内容保存在本地，为将来相同的请求快速提供服务。本质上，这是一种被动的缓存方式。在网络终端快速增长的趋势下，这种被动式的内容缓存无法满足"内容"爆炸式增长的需求，典型地引发下述问题：缓存滞后，即边缘服务节点无法预测内容的流行趋势，内容缓存滞后于潜在的用户需求；边缘服务节点缓存空间利用率低，尤其是在边缘服务节点用户请求较少的情况下，由用户驱动的被动缓存将使边缘服务节点仅缓存有限的请求内容，导致大量缓存空间闲置。

为提升边缘服务节点的缓存空间利用率以及服务质量，众多研究人员提出在内容分发服务中引入预取技术。内容分发预取技术是对缓存技术的补充，核心思想是由边缘服务节点预先主动从内容源服务器处获取部分内容，以加速用户对内容的获取速度。内容分发预取技术的引入，使得边缘服务节点可以先验地缓存部分内容，解决缓存滞后问题；此外，通过引入内容分发预取技术，边缘服务节点可以预取部分流行度较高的内容，避免大量缓存空间闲置，使有限的服务资源得到更高效的利用。

根据预取时关注的对象不同，内容分发预取主要分为面向内容的预取和面向用户的预取两种。

面向内容的预取依据网络中内容请求数量的变化进行预取，也称为基于流行度的预取。流行度被定义为统计时间段内内容对象被访问的次数或概率。大量统计表明，近20%的内容对象被超过80%的用户访问，这一现象反映了网络中不同内容的访问分布情况。在研究中，基于流行度的预取利用上述现象对流行度较高的内容进行预取。基于流行度的预取是内容分发服务中一种主流的内容分发预取技术，其关键在于内容流行度的确定，目前常采用统计学、数据挖掘、人工智能等方法实现。

面向用户的预取主要分为 3 类：第 1 类主要通过对用户兴趣进行分析来决定预取内容，称为基于用户偏好的预取；第 2 类根据用户之间的社交关系预测内容的传播趋势，并据此进行内容预取，称为基于社交网络的预取；第 3 类通过分析用户移动性对内容流行度的影响确定预取内容，称为基于用户移动性的预取。

天地一体化信息网络中，内容预取的目的是提高内容请求的命中率、准确率，以及边缘服务节点的缓存利用率，但同时，也将带来一定的网络资源消耗。因此，大规模实施的内容预取需要精细地控制预取的资源成本，对于天基网络来说尤其如此。

参考文献

[1] 曹洋, 朱玉峰, 吕俊锋, 等. 面向天地一体化内容分发业务的网内缓存机制研究[J]. 天地一体化信息网络, 2020, 1(2): 48-56.

[2] 陈步华, 陈戈, 庄一嵘, 等. 基于内容感知雾计算 CDN 的性能研究[J]. 广东通信技术, 2020, 40(9): 57-61, 69.

[3] 谢成. 混合网络高效内容分发关键技术研究[D]. 上海: 上海交通大学, 2018.

[4] 刘香. 5G 通信时代内容分发网络分析[J]. 通信电源技术, 2021, 38(1): 159-161.

[5] 李健, 薛开平, 卢汉成. 低轨小卫星网络中基于编码缓存的协同传输机制研究[J]. 天地一体化信息网络, 2021, 2(2):20-27.

[6] 郭湘南, 王功乾, 伍时扬, 等. 边缘计算与 CDN 的资源协同方案[J]. 光通信研究, 2021(3): 16-19.

[7] 朱立君. 融合 CDN 演进思路研究[J]. 中国新通信, 2018, 20(22): 60-61.

[8] 庞军, 刘凡, 祁钰, 等. 内容分发网络智能调度的研究与探讨[J]. 中国新通信, 2020, 22(17): 81-82.

[9] 王舒平, 张毅, 韦文闻, 等. 内容分发网络预取技术综述[J]. 电子技术应用, 2019, 45(4): 23-28.

[10] 郭湘南, 王功乾, 伍时扬, 等. 边缘计算与 CDN 的资源协同方案[J]. 光通信研究, 2021(3): 16-19.

[11] 杨晨凯. 延迟优化的内容分发技术研究[D]. 合肥: 中国科学技术大学, 2016.

[12] 贾冬青, 高永芹, 陈玉芳. 基于云存储的内容分发技术研究[J]. 西南师范大学学报(自然科学版), 2016, 41(6): 111-118.

[13] 吕俊锋. 面向天地一体化网络内容分发的网内缓存机制研究[D]. 武汉: 华中科技大学, 2020.

名词索引